Inhalte aus dem Lehrbuch Zahlen und Größen Klasse 8

Terme und Gleichungen

In der Mathematik verwendet man Klammern, um Terme zusammenzufassen und zu strukturieren.

Ähnlichkeit

Fische einer Art haben alle die gleiche Form und die gleiche Färbung. Es gibt aber Unterschiede in der Größe. Vergrößerungen und Verkleinerungen treten auf. Die Fische sind ähnlich.
Sind sie auch ähnlich im Sinne der Geometrie?

Lineare Funktionen und Gleichungssysteme

Tropfsteine entstehen durch Wasser, das durch Kalkstein fließt. Wenn das Wasser dann auf einen Hohlraum wie beispielsweise eine Höhle trifft, tropft es von der Decke herab. An der Decke entstehen Stalaktiten, am Boden Stalagmiten. Sie wachsen einander entgegen. Durchschnittlich wächst ein Stalaktit in 100 Jahren 1 cm. Es dauert also sehr lange, bis sich Stalaktit und Stalagmit treffen. Treffen sie sich in der Mitte?

Rechnen mit Potenzen

Um sehr große bzw. sehr kleine Zahlen schnell erfassen zu können, benutzt man einen Trick: Man trennt Zehnerpotenzen ab.

Masse eines Elektrons: $9{,}1 \cdot 10^{-31}$ kg
Entfernung Sonne – Erde: $1{,}5 \cdot 10^{8}$ km
Masse der Erde: $6{,}0 \cdot 10^{24}$ kg
Elementarladung: $1{,}6 \cdot 10^{-19}$ C
Volumen der Erde: $1{,}1 \cdot 10^{12}\ \text{km}^3$

Satz des Pythagoras

Der Philosoph und Mathematiker Pythagoras wurde um etwa 570 v. Chr. auf der griechischen Insel Samos geboren. Er war einer der ersten, die Mathematik als Wissenschaft zum Zwecke einer höheren Welterkenntnis betrieben.
Das Pythagoras-Denkmal in der nach ihm benannten Hafenstadt Pythagorio auf Samos wurde im Jahre 1988 errichtet.

Daten

In Deutschland gibt es etwa 350 Tageszeitungen, dazu kommen viele Wochenzeitungen und unzählige Zeitschriften für jede Altersgruppe und für jedes Thema. Diese Medien informieren über aktuelles Geschehen.
Datenerhebungen sind ein wichtiges Mittel, um Stimmungen, Trends und Meinungen herauszufinden.
Zur Veranschaulichung werden Ergebnisse oft in Diagrammen dargestellt.

Angewandte Zinsrechnung

In Frankfurt am Main sind die wichtigsten Finanzunternehmen angesiedelt. Jede große Bank hat ein Bürohaus. Diese Hochhäuser prägen das Stadtbild. Auch die europäische Zentralbank hat ihren Sitz in Frankfurt.

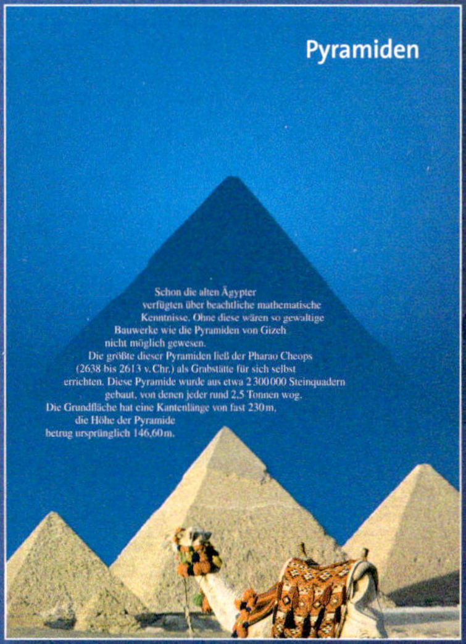
Pyramiden

Schon die alten Ägypter verfügten über beachtliche mathematische Kenntnisse. Ohne diese wären so gewaltige Bauwerke wie die Pyramiden von Gizeh nicht möglich gewesen.
Die größte dieser Pyramiden ließ der Pharao Cheops (2638 bis 2613 v. Chr.) als Grabstätte für sich selbst errichten. Diese Pyramide wurde aus etwa 2 300 000 Steinquadern gebaut, von denen jeder rund 2,5 Tonnen wog.
Die Grundfläche hat eine Kantenlänge von fast 230 m, die Höhe der Pyramide betrug ursprünglich 146,60 m.

Zusammenfassung

Terme umformen und vereinfachen

In einer Summe oder Differenz darf man nur **gleiche Variablen zusammenfassen**.
$3a + 4b + 2a + 6b = 5a + 10b$

Ein Produkt aus gleichen Faktoren kann man als **Potenz** schreiben.
$a \cdot a \cdot a = a^3$
$x \cdot x \cdot x \cdot x \cdot x = x^5$

Bei **Produkten mit mehreren Faktoren** kann man die Reihenfolge der Faktoren vertauschen und sie zusammenfassen.
$4x \cdot 3x = 4 \cdot 3 \cdot x \cdot x = 12x^2$
$-5x \cdot 6y \cdot y = -5 \cdot 6 \cdot x \cdot y \cdot y = -30xy^2$

Klammern auflösen und setzen, Produkte von Summen

Eine **Klammer**, vor der ein **Pluszeichen** steht, kann man weglassen.
$a + (b + c) = a + b + c$
$12x + (15y - 7c) = 12x + 15y - 7c$

Eine **Klammer**, vor der ein **Minuszeichen** steht, löst man auf, indem man Vorzeichen und Rechenzeichen in der Klammer ändert.
$a - (b + c) = a - b - c$
$5a - (-3 - 2b) = 5a + 3 + 2b$
$100 - (6x - 3y) - 4 = 100 - 6x + 3y - 4$

Eine **Summe** wird **mit einem Faktor multipliziert**, indem man jeden Summanden in der Klammer mit dem Faktor multipliziert.
$a(b + c) = a \cdot b + a \cdot c$
$3x(4 + 5y) = 12x + 15xy$

Eine Summe kann **faktorisiert** werden, wenn alle Summanden einen gemeinsamen Faktor enthalten (der ausgeklammert wird).
$x \cdot y + x \cdot z + 3 \cdot x = x(y + z + 3)$
$12ab + 18ac = 2 \cdot 6 \cdot a \cdot b + 3 \cdot 6 \cdot a \cdot c$
$= 6a(2b + 3c)$

Beim **Multiplizieren von zwei Summen** wird jeder Summand der ersten Summe mit jedem Summand der zweiten Summe multipliziert.
$(a + b)(c + d) = ac + ad + bc + bd$
$(3x + y)(2a + 4x) = 6ax + 12x^2 + 2ay + 4xy$
$(-x + 5y)(2x - b) = -2x^2 + bx + 10xy - 5by$

Gleichungen aufstellen und lösen

Um **Sachprobleme** zu lösen, kann man sie in die Sprache der Mathematik übersetzen. Für die gesuchte Größe gibt man eine Variable an und stellt eine Gleichung auf.
Dennis ist drei Jahre älter als Luisa.
Zusammen sind sie 35 Jahre alt.
Das Alter von Luisa sei x.
$x + (x + 3) = 35$

Gleichungen können durch **Äquivalenzumformungen** gelöst werden. Dabei darf man auf beiden Seiten denselben Term addieren, subtrahieren, multiplizieren oder durch denselben Term ($\neq 0$) dividieren.
$2x + 3 = 35 \quad | -3$
$2x = 32 \quad | :2$
$x = 16$
Luisa ist 16 Jahre alt, Dennis 19 Jahre.

Bei der **Probe** setzt man die Lösung in die Gleichung ein.
Probe:
$16 + 16 + 3 = 35$ (wahr)

Auch um **Formeln** umzustellen, verwendet man Äquivalenzumformungen.
Flächeninhalt eines Rechtecks: $A = a \cdot b$
Aufgelöst nach a: $a = \frac{A}{b}$

Teste dich!

a | b

1 Vereinfache die Terme und fasse sie zusammen.

a) $3x + 5y + 16x - 3y$ b) $2a \cdot 3b \cdot 4a$ c) $2a \cdot 6a - 3a$ d) $-12{,}3x - 8{,}4a + 3{,}9x$

2 Löse die Klammern auf und fasse die Terme zusammen, wenn es möglich ist.

a

a) $3x + (2 - y)$
b) $(3 + x) - (8y - 5z)$
c) $b(a - 1)$
d) $(4x + 5y - z) \cdot (-7)$

b

a) $12{,}5x - (15y - 13{,}7x - 15{,}9y)$
b) $3x + [4 - (x - 3) + 6x] - 5$
c) $20y - (3y - 6x) - [2y - (4x - 3y)]$
d) $2{,}5a\,(3b - 4c + 5d)$

3 Klammere jeweils den größtmöglichen Faktor aus.

a

a) $10x - 30y$
b) $az - bz$
c) $7a + 14b + 35c$

b

a) $12xy - 28x$
b) $2ab - 7bx$
c) $21abx - 6by + 15bz$

4 Löse die Klammern auf und fasse die Terme zusammen.

a

a) $2(x - 5) + 5(3 + 4x)$
b) $100 - 2(a - 6b - 15)$
c) $3x(2 - 7y) - 4y(6 - 5x)$

b

a) $4b(a - 6) + a(b + 7)$
b) $25c(3d - 4e) - (16cd - 12ec)$
c) $x(1 - y) + 9 - (x + 9)$

5 (a) Gib jeweils zwei verschiedene Terme an
a) für den Flächeninhalt der Figur
b) für den Umfang der Figur.

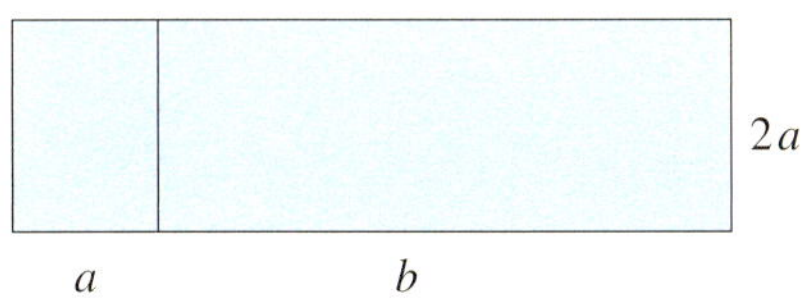

5 (b) In einem Personenzug befinden sich 280 Fahrgäste. In der 1. Klasse sind dreimal so viele Personen wie im Speisewagen. In der 2. Klasse halten sich 70 Personen mehr auf als in der 1. Klasse. Wie viele Personen sitzen in den verschiedenen Wagenklassen?

6 Löse die Gleichungen.

a

a) $7x + 16 = 30$ b) $25x - 29 = 21$
c) $48x - 23x = 75$ d) $10x - 25 = 23 - 2x$
e) $7(8x - 5) = 77$
f) $6(3x - 11) = 27x - 102$

b

a) $9x + 48 = -3x$ b) $-2{,}1a = 3{,}9a - 10{,}8$
c) $3{,}5z + 16{,}8 = 6{,}3z$ d) $13x - \frac{3}{4} = x - 0{,}75$
e) $2(3x - 5) = 0{,}8(2x + 4)$
f) $2(6a - 5) - 4(2a + 1) = 2$

7 (a) Die Formel $v = \frac{s}{t}$ steht für Geschwindigkeit = $\frac{\text{Weg}}{\text{Zeit}}$.
Berechne die fehlenden Werte durch Umstellen der Formel und Einsetzen.

	v	s	t
a)	$150\,\frac{\text{m}}{\text{s}}$		35 s
b)	$70\,\frac{\text{m}}{\text{s}}$	175 m	
c)	$30\,\frac{\text{m}}{\text{s}}$		2 min
d)	$25\,\frac{\text{m}}{\text{s}}$	0,125 km	

7 (b) Das Volumen einer Pyramide mit der Grundfläche A_G und der Höhe h wird mit der Formel $V = \frac{A_G \cdot h}{3}$ berechnet.
Berechne die fehlenden Werte durch Umstellen der Formel und Einsetzen.

	A_G	h	V
a)		3,7 cm	$15{,}54\,\text{cm}^3$
b)		4,5 dm	$63\,\text{dm}^3$
c)	$16\,\text{m}^2$		$25{,}6\,\text{m}^3$

HINWEIS
Brauchst du noch Hilfe, so findest du auf der angegebenen Seite ein Beispiel oder eine Anregung zum Lösen der Aufgaben. Überprüfe deine Ergebnisse mit den Lösungen ab Seite 40.

Aufgabe	Seite
1 – 7	2

Zusammenfassung

Ähnlichkeit im geometrischen Sinn

Zwei Figuren heißen zueinander **ähnlich**, wenn sie durch maßstäbliches Vergrößern oder Verkleinern auseinander hervorgehen. Auch kongruente Figuren sind zueinander ähnlich.

ähnliche Trapeze:

Beim maßstäblichen Vergrößern oder Verkleinern bleiben Streckenverhältnisse und Winkelgrößen erhalten.
Für die Ähnlichkeit ohne Bedeutung sind Farbe, Lage und auch Größe.

ähnliche Dreiecke:

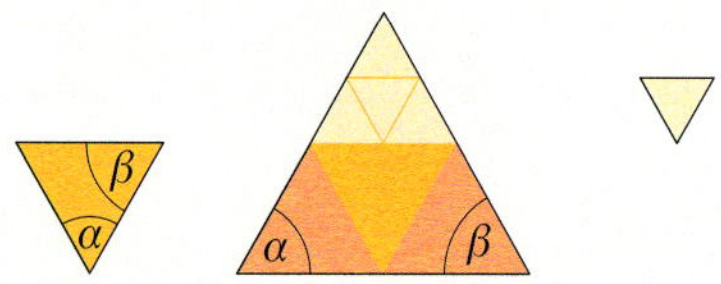

$\alpha = \beta = 60°$

Hauptähnlichkeitssatz
Zwei Dreiecke sind zueinander ähnlich, wenn sie in der Größe von zwei Winkeln übereinstimmen.

Zentrische Streckung

Eine maßstäbliche Vergrößerung oder Verkleinerung einer Figur kann man mit Hilfe einer **zentrischen Streckung** durchführen.
Das **Streckungszentrum** wird mit Z bezeichnet, der **Streckungsfaktor** mit k.

$k > 1$: Es handelt sich um eine maßstäbliche Vergrößerung.

$k = 1$: Original und Bild sind identisch.

$0 < k < 1$: Es handelt sich um eine maßstäbliche Verkleinerung.

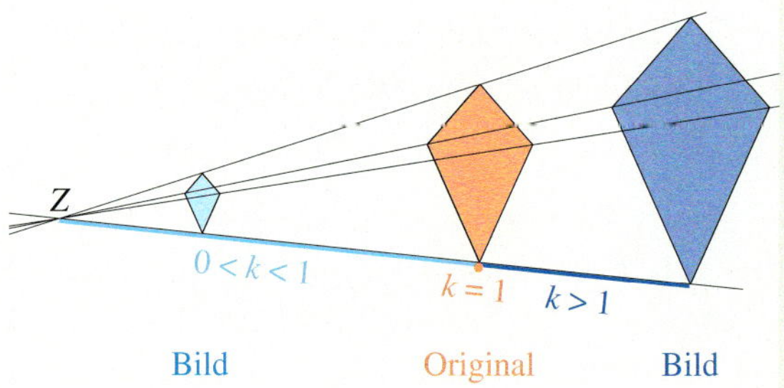

Bei sich schneidenden Geraden, die von Parallelen geschnitten werden, entstehen ähnliche Dreiecke. Deshalb stehen alle entsprechenden Seiten im gleichen Verhältnis zueinander.
Es gilt:

$$\frac{\overline{ZA'}}{\overline{ZA}} = \frac{\overline{ZB'}}{\overline{ZB}} = \frac{\overline{A'B'}}{\overline{AB}} = k,$$

ebenfalls gilt:

$$\frac{\overline{ZA}}{\overline{AA'}} = \frac{\overline{ZB}}{\overline{BB'}} \text{ und}$$

$$\frac{\overline{ZA'}}{\overline{AA'}} = \frac{\overline{ZB'}}{\overline{BB'}}.$$

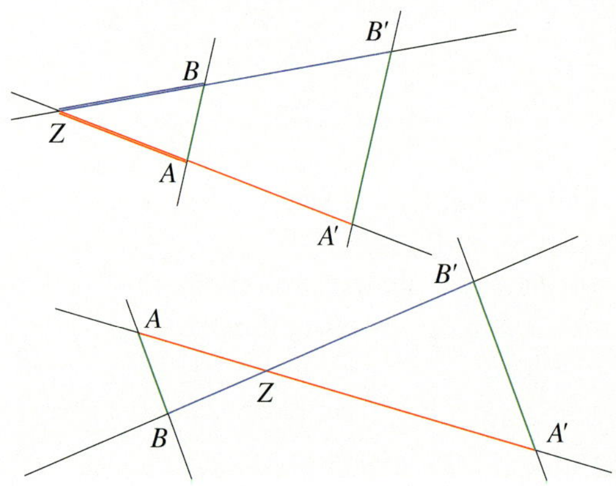

Teste dich!

a

1 Ergänze die Sätze:
a) Zwei Figuren heißen zueinander ähnlich, …
b) Zwei Dreiecke sind zueinander ähnlich, … (Hauptähnlichkeitssatz).

2 Zeichne das Rechteck und finde den Schnittpunkt S der Diagonalen. Führe die zentrische Streckung mit dem Streckungszentrum S und dem Faktor k aus. Berechne den Maßstab.
a) $a = 2\,\text{cm}$; $b = 3\,\text{cm}$; $k = 2$
b) $a = 4{,}5\,\text{cm}$; $b = 3\,\text{cm}$; $k = \frac{1}{3}$

3 Berechne die Strecke x.

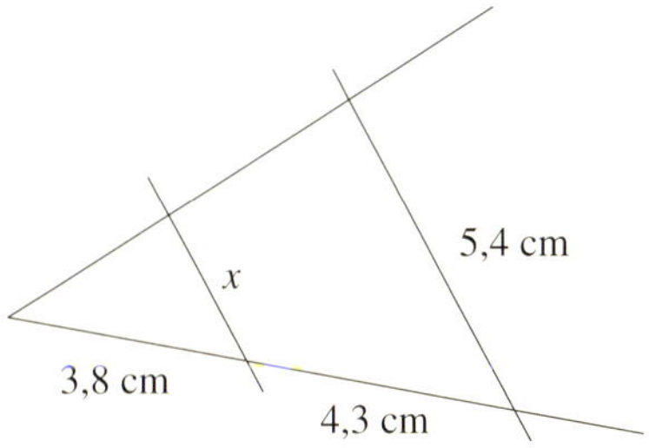

4 Die Höhe eines Gebäudes soll berechnet werden und wird dazu angepeilt. Die Entfernung des Betrachters zum Gebäude beträgt 33 m, die Armlänge 60 cm. Gemessen wird in einer Höhe von 1,50 m und die Länge des Stabes beträgt von der Markierung zur Spitze 40 cm.
Fertige mit den Daten eine Skizze an und berechne die Höhe des Gebäudes.

5 Ein Fachwerkträger hat die gegebene Form. Die Stäbe b und c sind Füllstäbe.

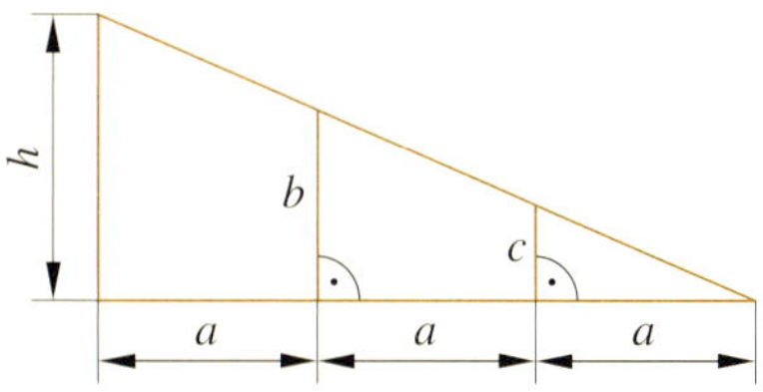

Die Längen $a = 2{,}4$ m und $h = 3{,}4$ m sind bekannt.
a) Berechne die Längen b und c.
b) Gib b und c prozentual in Abhängigkeit von h an.
c) Welche Länge hat der schräge Balken des Fachwerkträgers?

b

2
a) $a = 4\,\text{cm}$; $b = 3\,\text{cm}$; $k = 1{,}5$
b) $a = 9{,}6\,\text{cm}$; $b = 6{,}4\,\text{cm}$; $k = \frac{1}{4}$

3 Berechne die Strecke x.

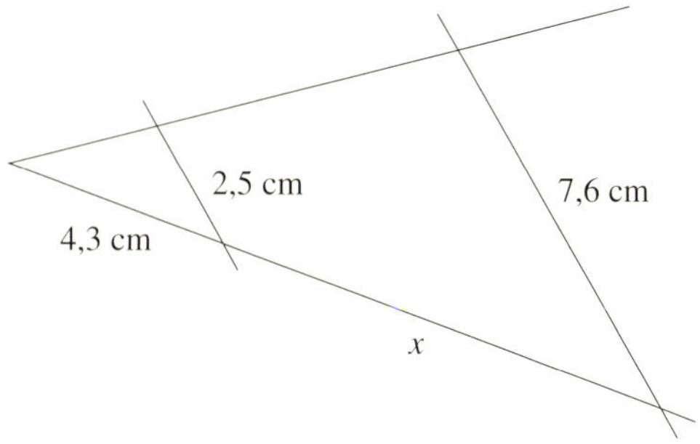

5 Das Wahrzeichen eines Vergnügungsparks in Virginia (USA) ist das Modell des Eiffelturms in Paris.
Das Modell ist im Maßstab 1 : 3 gebaut.

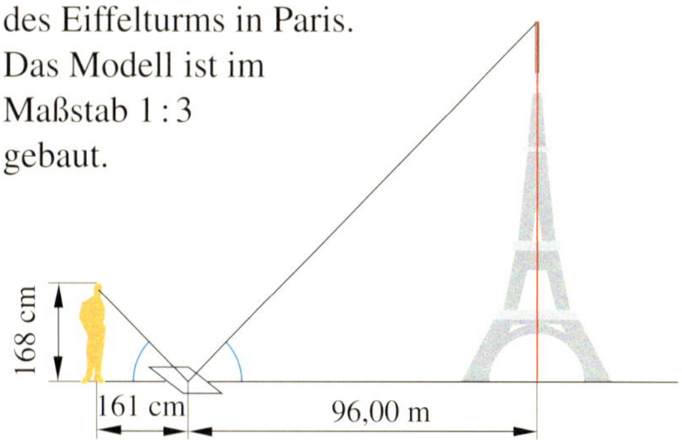

Man kann die Höhe des Modells mit Hilfe eines Spiegels bestimmen. Dazu legt man diesen auf den Boden und stellt sich so, dass man die Spitze des Turms sehen kann.
a) Wie hoch ist das Modell?
b) Gib die reale Höhe des Eiffelturms an.

HINWEIS
Brauchst du noch Hilfe, so findest du auf der angegebenen Seite ein Beispiel oder eine Anregung zum Lösen der Aufgaben. Überprüfe deine Ergebnisse mit den Lösungen ab Seite 40.

Aufgabe	Seite
1–5	4

Zusammenfassung

Lineare Funktionen erkennen und darstellen

Eine Zuordnung, bei der jedem x-Wert genau ein y-Wert zugeordnet wird, nennt man eine **Funktion**. Eine Funktion mit der Funktionsgleichung $y = f(x) = mx + n$ heißt **lineare Funktion**.

$f(x) = \frac{2}{5}x + 2$

x	−3	−2	−1	0	1	2	3
y	$\frac{4}{5}$	$1\frac{1}{5}$	$1\frac{3}{5}$	2	$2\frac{2}{5}$	$2\frac{4}{5}$	$3\frac{1}{5}$

Lineare Funktionen kann man durch eine **Wertetabelle**, einen **Funktionsgraphen** oder eine **Funktionsgleichung** darstellen.

Der **Graph** einer linearen Funktion ist eine Gerade, die die y-Achse im Punkt $P(0|n)$ schneidet. Man nennt n **y-Achsenabschnitt**.

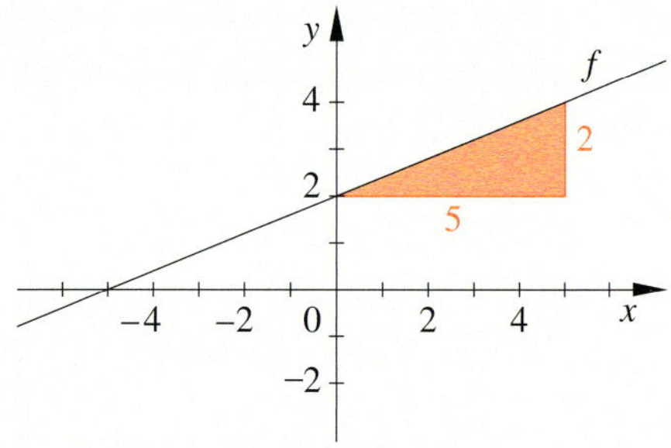

Lineare Funktionen zeichnen und untersuchen

Bei Erhöhung des x-Wertes um 1 erhöht sich der y-Wert in einer linearen Funktion immer um den gleichen Wert m. Diese Änderungsrate nennt man die **Steigung**.

Der Graph der Funktion $f(x) = \frac{2}{5}x + 2$ verläuft durch die Punkte $P(2|2\frac{4}{5})$ und $Q(3|3\frac{1}{5})$.

Ist die Steigung positiv bzw. negativ, so ist die Funktion **monoton steigend** bzw. **monoton fallend**.

Die Steigung ist $\frac{3\frac{1}{5} - 2\frac{4}{5}}{3 - 2} = \frac{\frac{2}{5}}{1} = \frac{2}{5}$

Den x-Wert des Schnittpunkts eines Graphen mit der x-Achse nennt man **Nullstelle**. Die Nullstelle kann man durch Einsetzen von 0 für y in die Funktionsgleichung berechnen.

$0 = \frac{2}{5}x + 2 \quad | -2$

$-2 = \frac{2}{5}x \quad | : \frac{2}{5}$

$-5 = x$

Die Nullstelle liegt bei $(-5|0)$.

Lineare Gleichungssysteme zeichnerisch lösen

Zur grafischen Lösung eines Gleichungssystems zeichnet man die Graphen zu den Gleichungen in ein Koordinatensystem. Der **Schnittpunkt** beider Graphen gibt die Lösung des Gleichungssystems an: $\mathbb{L} = \{(3|2)\}$.

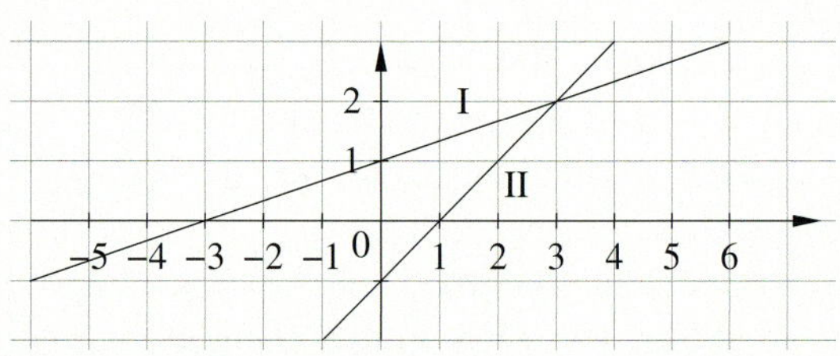

Lineare Gleichungssysteme rechnerisch lösen

Um ein lineares Gleichungssystem zu lösen, kann man verschiedene rechnerische Verfahren verwenden: das **Gleichsetzungs-**, das **Einsetzungs-** oder das **Additionsverfahren**.

$\frac{x+y}{2}$

Teste dich!

a | **b**

1 Lege eine Wertetabelle mit Werten für x von -3 bis $+3$ an und zeichne die Graphen der Funktionen mit Hilfe des Steigungsdreiecks. Lies jeweils die Nullstelle ab.

a) $f(x) = 5x - 7$ b) $f(x) = 3x + 2{,}2$ c) $f(x) = -x - 1$
d) $f(x) = 1{,}5x + 1{,}5$ e) $f(x) = -2x + 4$ f) $f(x) = -3 + 2x$

2 Bei seinem Handyvertrag bezahlt Björn im Monat 9,99 € Grundgebühr. Jede Minute Telefonat kostet 0,11 €.

a) Stelle eine Funktionsgleichung auf. Bezeichne die Anzahl der Minuten mit x.
b) Wie viel zahlt Björn, wenn er in einem Monat 60 Minuten telefoniert hat?

3 Gib die Gleichung für folgende lineare Funktion an und zeichne den Graphen.

a Die Steigung ist 3 und der y-Achsenabschnitt ist -1.

b Der Graph verläuft durch die Punkte $A(-1\,|\,-2{,}5)$ und $B(6\,|\,1)$.

4 Bestimme rechnerisch die Nullstellen der Funktionen.

a
a) $f(x) = 3x + 9$ b) $f(x) = -x + 5$
c) $f(x) = 4x - 3$ d) $f(x) = 5x + 2\frac{1}{2}$

b
a) $f(x) = 0{,}4x - 7$ b) $f(x) = 1{,}2x - 2{,}4$
c) $f(x) = -1\frac{1}{4}x - 8$ d) $f(x) = \frac{5}{8} - \frac{1}{4}x$

5 Löse die Gleichungssysteme zeichnerisch oder rechnerisch mit einer Methode deiner Wahl.

a
a) I $f(x) = x + 2$; II $f(x) = 2x - 2$
b) I $f(x) = 3x + 4$; II $f(x) = -3x + 8$
c) I $f(x) = -2x + 1$; II $f(x) = 2x - 4$
d) I $f(x) = -5x + 19$; II $f(x) = -11x + 3$

b
a) I $f(x) = -5x + 2$; II $f(x) = 5x - 2$
b) I $f(x) = -4x - 6$; II $f(x) = 2x + 1$
c) I $f(x) = 16x - 3$; II $f(x) = 4x + 1{,}5$
d) I $f(x) = 7{,}5x + 3$; II $f(x) = 2{,}5x - 4$

6 Dies ist der Graph einer Funktion.

a) Gib die Steigung m, den y-Achsenabschnitt n und die Nullstelle an.
b) Gib die zugehörige Funktionsgleichung an.
c) Berechne den Schnittpunkt dieses Graphen mit dem Graphen der Funktion $f(x) = x + 2$
d) Liegt der Punkt $A(7\,|\,4)$ auf dem Graphen?

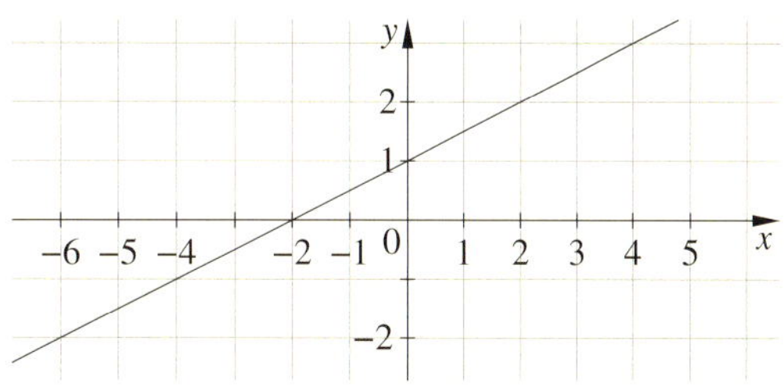

a

7 Die Klassen 8 a und 8 b planen einen Theaterbesuch. Klasse 8 a (1 Lehrkraft, 26 Schüler) zahlt im Theater insgesamt 128 € Eintritt. Klasse 8 b (2 Lehrkräfte, 25 Schüler) zahlt insgesamt 134,5 €.
Wie viel kostet der Eintritt für einen Erwachsenen, wie viel für einen Schüler?

b

7 Eine Bank bietet zwei Girokonten an: Eines ohne Grundpreis, dafür aber mit Kosten von 0,50 € pro Buchung oder eines mit 3,50 € monatlichem Grundpreis und 0,15 € pro Buchung.
Ab wie vielen Buchungen im Monat lohnt sich das Konto mit Grundpreis?

HINWEIS
Brauchst du noch Hilfe, so findest du auf der angegebenen Seite ein Beispiel oder eine Anregung zum Lösen der Aufgaben. Überprüfe deine Ergebnisse mit den Lösungen ab Seite 40.

Aufgabe	Seite
1–7	6

Zusammenfassung

Der Potenzbegriff

Wird eine Zahl a mehrfach mit sich selbst multipliziert, so kann das Produkt als **Potenz** geschrieben werden.
Es gilt: $a^0 = 1 \quad (a \neq 0)$
$a^{-n} = \frac{1}{a^n} \quad (a \neq 0)$

$8 \cdot 8 \cdot 8 \cdot 8 \cdot 8 \cdot 8 \cdot 8 = 8^7$
$x \cdot x \cdot x \cdot x = x^4$

$18^0 = 1$
$5^{-3} = \frac{1}{5^3} = \frac{1}{125}$

Zehnerpotenzen

Große und kleine Zahlen lassen sich übersichtlicher mit **Zehnerpotenzen** darstellen. Hierbei ist die Basis 10.

$455\,000\,000 = 455 \cdot 10^6$
$0{,}000\,000\,136 = 136 \cdot 10^{-9}$

Bei der **wissenschaftlichen Schreibweise** ist der erste Faktor eine Zahl zwischen 1 und 10 und der zweite Faktor die entsprechende Zehnerpotenz.

$23\,600\,000 = 2{,}36 \cdot 10^7$
$0{,}000\,098 = 9{,}8 \cdot 10^{-5}$

Potenzen und Wurzeln

Multipliziert man eine Zahl a mit sich selbst, erhält man das Produkt $a \cdot a = a^2$ (a^2 ist die **Quadratzahl** von a).

$8 \cdot 8 = 8^2 = 64$
$(-12) \cdot (-12) = (-12)^2 = 144$

Zerlegt man eine positive Zahl a in zwei gleiche positive Faktoren x, so erhält man die **Quadratwurzel** von a.

$\sqrt{a} = x$ ← Wert der Quadratwurzel
↑
Radikand

Der Radikand darf nicht negativ sein.

$\sqrt{156{,}25} = 12{,}5$;
denn $12{,}5 \cdot 12{,}5 = 156{,}25$

Multipliziert man eine Zahl a dreimal mit sich selbst, erhält man das Produkt $a \cdot a \cdot a = a^3$ (a^3 ist die **Kubikzahl** von a).

$6 \cdot 6 \cdot 6 = 6^3 = 216$
$(-4) \cdot (-4) \cdot (-4) = (-4)^3 = -64$

Zerlegt man eine positive Zahl a in drei gleiche positive Faktoren x, so erhält man die **Kubikwurzel** von a.

Wurzelexponent
↓
$\sqrt[3]{a} = x$ ← Wert der Kubikwurzel
↑
Radikand

$\sqrt[3]{729} = 9$;
denn $9 \cdot 9 \cdot 9 = 729$

Teste dich!

a

1 Vereinfache den Term und berechne seinen Wert, so weit dies möglich ist.
a) $3 \cdot 3 \cdot 3 \cdot 3 \cdot 3$
b) $x \cdot x \cdot x \cdot x \cdot x \cdot x \cdot x$
c) $(-4) \cdot (-4) \cdot (-4)$
d) $(-a) \cdot (-a) \cdot (-a) \cdot (-a)$

2 Berechne den Wert der Potenzen.
a) 2^3 b) 4^5
c) $(-5)^2$ d) $(-1)^6$
e) $0{,}1^4$ f) 2^{-1}

3 Schreibe als Dezimalzahl.
a) $2 \cdot 10^4$ b) $3{,}5 \cdot 10^7$
c) $5 \cdot 10^{-6}$ d) $1{,}2 \cdot 10^{-5}$

4 Gib die Zahlen in wissenschaftlicher Schreibweise an.
a) 5 Millionen
b) 8 Tausend
c) 0,0028

5 Ein Lichtjahr ist die Strecke, die das Licht in einem Jahr zurücklegt. Ein Lichtjahr sind in etwa 9,46 Billionen km.
a) Gib die Strecke als Zehnerpotenz an.
b) Wie viele km entsprechen 5 Lichtjahren?

b

1 Vereinfache den Term und berechne seinen Wert, so weit dies möglich ist.
a) $\frac{1}{2} \cdot \frac{1}{2} \cdot \frac{1}{2} \cdot \frac{1}{2} \cdot \frac{1}{2} \cdot \frac{1}{2} \cdot \frac{1}{2}$
b) $3x \cdot 3x \cdot 3x \cdot 3x \cdot 3x$
c) $(-\frac{2}{5}) \cdot (-\frac{2}{5}) \cdot (-\frac{2}{5}) \cdot (-\frac{2}{5}) \cdot (-\frac{2}{5})$
d) $(-0{,}2a) \cdot (-0{,}2a) \cdot (-0{,}2a) \cdot (-0{,}2a)$

2 Berechne den Wert der Potenzen.
a) $0{,}01^6$ b) $(-6)^7$
c) 4^{-3} d) $(\frac{3}{4})^3$
e) -3^8 f) $(\frac{1}{2})^{-5}$

3 Schreibe als Dezimalzahl.
a) $-1{,}35 \cdot 10^9$ b) $0{,}08701 \cdot 10^{12}$
c) $158{,}02 \cdot 10^{-10}$ d) $-2{,}79 \cdot 10^{-8}$

4 Gib die Zahlen in wissenschaftlicher Schreibweise an.
a) 0,7 Billionen
b) 0,4 Billiarden 50 Tausend
c) 0,00001025

5 Ein Tropfstein wächst mit einer durchschnittlichen Geschwindigkeit von $1{,}4 \cdot 10^{-4}$ mm pro Stunde.
Wie lange dauert es, bis der Tropfstein 1 m lang ist?

HINWEIS
Brauchst du noch Hilfe, so findest du auf der angegebenen Seite ein Beispiel oder eine Anregung zum Lösen der Aufgaben. Überprüfe deine Ergebnisse mit den Lösungen ab Seite 40.

Aufgabe	*Seite*
1–7	*8*

6 Ergänze die Tabellen im Heft.

a)

Zahl	4		81	144		400		441	7,84	
Quadratwurzel		8			1,2		0,5			4,5

b)

Zahl	1		27	8		1000		1,331	1728	
Kubikwurzel		4			6		8			2,4

7 Eine Terrasse soll mit quadratischen Steinen ausgelegt werden.
Die Terrasse ist 5,1 m lang und 4,5 m breit. Die Steine haben eine Grundfläche von $225\,cm^2$.
a) Wie viele Steine werden benötigt?
b) Wie viele Steine werden benötigt, wenn Steine verbaut werden, deren Kantenlänge fünfmal kürzer ist?

Zusammenfassung

Bezeichnungen am rechtwinkligen Dreieck

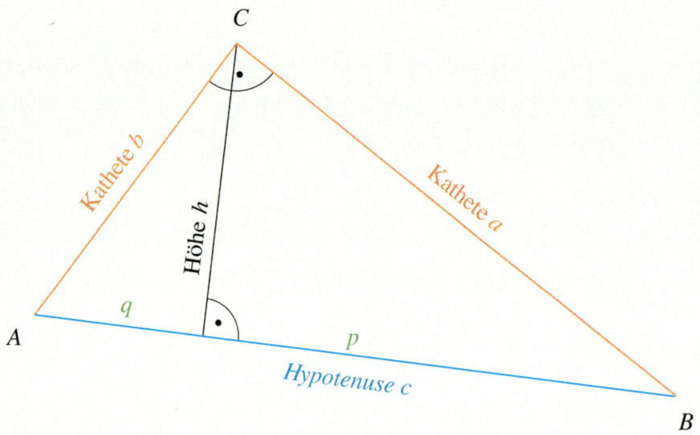

In einem rechtwinkligen Dreieck liegt die **Hypotenuse** dem rechten Winkel gegenüber. Die **Katheten** schließen den rechten Winkel ein.
Die Höhe *h* teilt die Hypotenuse in zwei Hypotenusenabschnitte.

Sätze am rechtwinkligen Dreieck

Satz des Pythagoras

$a^2 + b^2 = c^2$

Die Summe der Kathetenquadrate ist flächengleich mit dem Hypotenusenquadrat.

Der Satz des Pythagoras gilt auch umgekehrt:
Wenn in einem Dreieck mit den Seiten *a, b* und *c* die Beziehung $a^2 + b^2 = c^2$ besteht, dann ist das Dreieck rechtwinklig. Die Hypotenuse ist *c*.

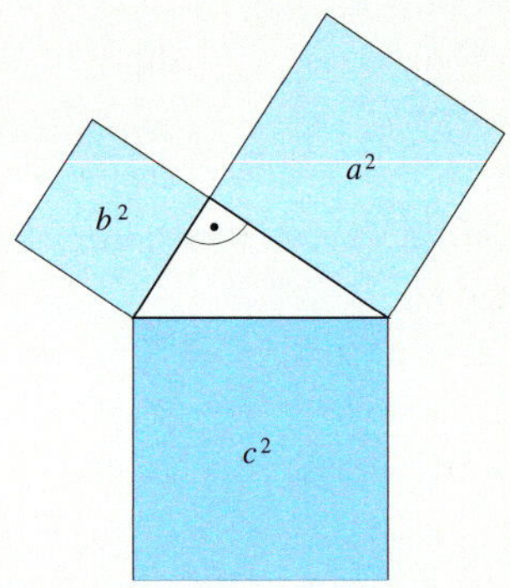

Höhensatz

$h^2 = p \cdot q$

Das Quadrat über der Höhe ist flächengleich zum Rechteck aus den Hypotenusenabschnitten.

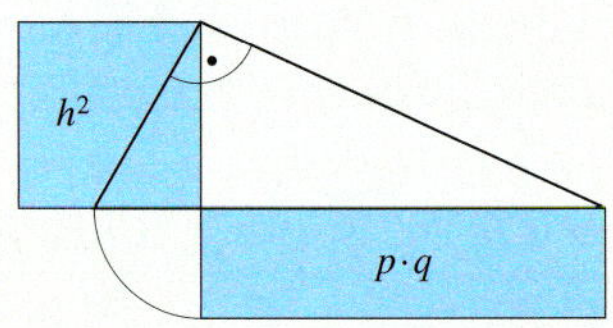

Kathetensatz

$a^2 = p \cdot c$ und $b^2 = q \cdot c$

Das Quadrat über eine Kathete ist flächengleich mit dem Rechteck aus der Hypotenuse und dem anliegenden Hypotenusenabschnitt.

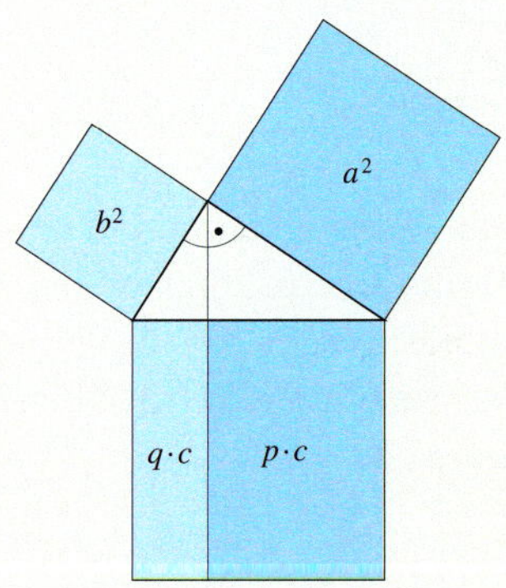

Teste dich!

1 Berechne die fehlende Seitenlänge des rechtwinkligen Dreiecks.
Fertige jeweils eine Skizze an. Berechne auch Umfang und Flächeninhalt des Dreiecks.

a) $a = 9\,\text{cm}$; $b = 16\,\text{cm}$; $\gamma = 90°$
b) $b = 9{,}8\,\text{cm}$; $c = 4{,}5\,\text{cm}$; $\alpha = 90°$
c) $a = 3{,}1\,\text{cm}$; $c = 6{,}7\,\text{cm}$; $\beta = 90°$
d) $a = 5\,\text{m}$; $b = 4\,\text{m}$; $\alpha = 90°$

2 Überprüfe mit Hilfe einer Rechnung, ob das Dreieck rechtwinklig ist.

a) $a = 2{,}4\,\text{cm}$; $b = 3{,}2\,\text{cm}$; $c = 4\,\text{cm}$
b) $a = 2\,\text{cm}$; $b = 5{,}2\,\text{cm}$; $c = 4{,}8\,\text{cm}$
c) $a = 6{,}5\,\text{cm}$; $b = 2{,}5\,\text{cm}$; $c = 6\,\text{cm}$
d) $a = 7{,}5\,\text{cm}$; $b = 4\,\text{cm}$; $c = 8{,}5\,\text{cm}$

a

3 Ein Rechteck hat die Seitenlängen $a = 7\,\text{cm}$ und $b = 4\,\text{cm}$.
Berechne die Länge der Diagonale e.

4 Ein Funkmast wird durch drei 75 m lange Spannseile gesichert, die 15 m vom Fußpunkt des Mastes im Erdboden verankert sind.
In welcher Höhe wurden die Seile am Mast befestigt?

5 Ein Fesselballon ist an einem Seil befestigt. Durch starken Wind wird er 18 m weit abgetrieben und hat dann nur noch eine Höhe senkrecht über dem Boden von 80 m.
Wie lang ist das Seil?

6 Bestimme mit Hilfe der Zeichnung die Tiefe des Grabens.

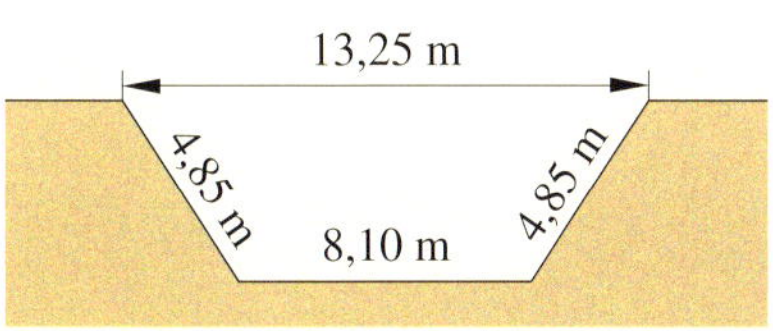

7 Die Kantenlänge des Würfels ist $a = 9\,\text{cm}$.
a) Berechne die Länge der Flächendiagonalen e.
b) Berechne die Länge der Raumdiagonalen d.

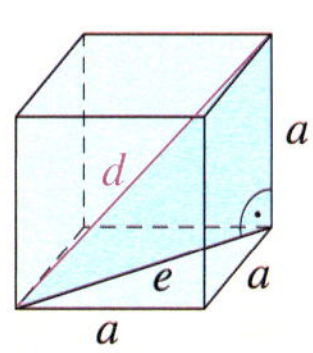

b

3 Ein Quadrat hat eine Diagonale der Länge $\sqrt{450}$. Berechne seine Seitenlänge und seinen Flächeninhalt.

4 Miriam (Augenhöhe 1,70 m) steht auf dem 11 m hohen Pier und schaut übers Meer zum Horizont. Wie weit kann sie sehen?
Der Erdradius beträgt 6371 km. Fertige zunächst eine Skizze an.

5 Ein Fesselballon ist an einem Seil befestigt. Durch starken Wind wird er 32 m weit abgetrieben und verliert dadurch 5 m an Höhe.
Wie lang ist das Seil, das bei Windstille lotrecht über dem Erdboden steht?

6 Bei einem Segelboot bricht der Mast so, dass die Mastspitze in 2,20 m Entfernung vom Mastfuß auf dem Deck auftrifft. In welcher Höhe ist die Bruchstelle?

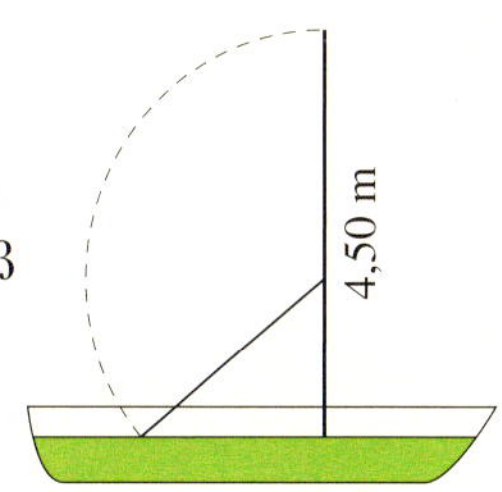

7 Die Raumdiagonale beträgt $d = 22{,}5\,\text{cm}$.
a) Berechne die Länge der Kante a.
b) Zeige, dass für die Länge der Raumdiagonalen im Würfel stets gilt: $d = a\sqrt{3}$.

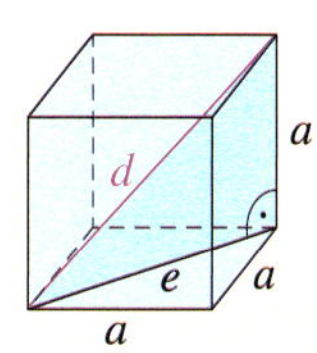

HINWEIS
Brauchst du noch Hilfe, so findest du auf der angegebenen Seite ein Beispiel oder eine Anregung zum Lösen der Aufgaben. Überprüfe deine Ergebnisse mit den Lösungen ab Seite 40

Aufgabe	*Seite*
1 – 7	*10*

Zusammenfassung

Häufigkeiten und Kenngrößen

Um Ereignisse besser vergleichen und bewerten zu können, ermittelt man die **relative Häufigkeit** eines Ereignisses.

Anzahl der Mädchen pro Klasse:

	8 a	8 b	8 c
Anzahl der Mädchen (absolute Häufigkeit)	10	11	11
Schüler insgesamt	28	25	20

relative Häufigkeit

$= \frac{\text{absolute Häufigkeit des Ereignisses}}{\text{Gesamtzahl aller Ereignisse}}$

Relative Häufigkeit der Mädchen:

Klasse 8 a: $\frac{14}{28} = \frac{1}{2} = 0{,}5 = 50\,\%$

Klasse 8 b: $\frac{11}{25} = \frac{44}{100} = 0{,}44 = 44\,\%$

Klasse 8 c: $\frac{11}{20} = \frac{55}{100} = 0{,}55 = 55\,\%$

In der Klasse 8 c sind relativ die meisten Mädchen.

Bei der Untersuchung von Daten ist die Berechnung des Durchschnitts von Bedeutung. Der Durchschnitt ist ein Mittelwert. Er wird auch als **arithmetisches Mittel** bezeichnet.

arithmetisches Mittel $= \frac{\text{Summe aller Werte}}{\text{Anzahl der Werte}}$

Tageshöchsttemperaturen

Mo	Di	Mi	Do	Fr	Sa	So
18 °C	18 °C	16 °C	18 °C	21 °C	23 °C	26 °C

arithmetisches Mittel:

$\frac{16 + 3 \cdot 18 + 21 + 23 + 26}{7} = 20$

Wochendurchschnitt: 20 °C

Auch der **Zentralwert (Median)** ist ein Mittelwert einer Datenreihe.
Es ist möglich, dass die Berechnung von arithmetischem Mittel und Median zu unterschiedlichen Ergebnissen führt.

geordnete Datenliste:

16 °C, 18 °C, 18 °C, 18 °C, 21 °C, 23 °C, 26 °C

Minimum — Median: 18 °C — Maximum

Spannweite: 26 °C – 16 °C = 10 °C

Der **Modalwert** ist der Wert, der am häufigsten auftritt.

Modalwert: 18 °C

Kreisdiagramme zeichnen

Daten lassen sich besonders anschaulich in Kreisdiagrammen darstellen.

Um Kreisdiagramme auszuwerten, muss der Winkel gemessen und durch 3,6 geteilt werden. So erhält man die relative Häufigkeit der Nennung (in %).

Um Kreisdiagramme zu zeichnen, müssen die Winkelgrößen berechnet werden. Hierzu wird der Anteil mit 3,6 multipliziert. Das Ergebnis ist die Winkelgröße in Grad.

Wahlergebnisse

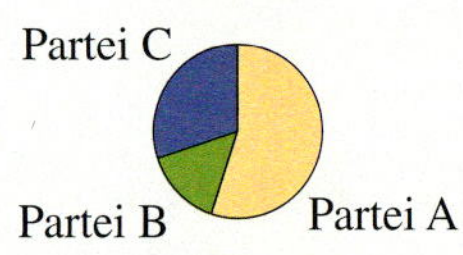

Winkelgröße
Partei A: 198°
198 : 3,6 = 55
Stimmanteil A: 55 %

Partei	Stimmen
A	1 100
B	300
C	600
insg.	2 000

Stimmanteil Partei B:

$\frac{300}{2\,000} = 15\,\%$

$15 \cdot 3{,}6 = 54$

Winkelgröße
Partei B: 54°

Teste dich!

a | b

1 Gib zu jeder Datenreihe Maximum, Minimum, Spannweite, das arithmetische Mittel, den Zentralwert und – falls möglich – den Modalwert an.

a) 12; 26; 28; 51; 52; 56; 57; 79; 82; 96

c) 740; 824; 824; 729; 283; 391; 283; 285

b) 86; 2 903; 5 778; 6 209; 7 357; 59 872

d) 44; 39,5; 27,2; 14,8; 39; 38,4; 16; 27,2

2 Die Tabelle zeigt die Platzierungen einiger Mannschaften in der Bundesligasaison 2007/2008 (nach allen 34 Spielen).

a

Platz	Verein	g	u	v
3	FC Schalke 04	18	10	6
7	Bayer Leverkusen	15	6	13
18	MSV Duisburg	8	5	21

Bestimme für jeden Verein die relative Häufigkeit, mit der
a) ein Spiel gewonnen (g) wurde,
b) ein Spiel unentschieden (n) endete,
c) ein Spiel verloren (v) ging.

b

Platz	Verein	g	u	v
5	VfL Wolfsburg	15	9	10
6	VfB Stuttgart	16	4	14
14	Energie Cottbus	9	9	16

Bestimme für jeden Verein die relative Häufigkeit, mit der
a) ein Spiel gewonnen (g) wurde,
b) ein Spiel unentschieden (n) endete,
c) ein Spiel *nicht* verloren wurde.

3 Carlos und Miriam haben unter den Freunden in ihrer Klasse eine Umfrage durchgeführt.

a Carlos fragte 12 Freunde nach ihrem Lieblingsfußballverein.

Verein	Häufigkeit	
	absolute	relative
FC Bayern München	3	
FC Energie Cottbus	5	
Hertha BSC Berlin	4	

a) Übertrage die Tabelle in dein Heft und vervollständige sie.
b) Fertige nach den Ergebnissen der Umfrage in deinem Heft ein Kreisdiagramm an und beschrifte es.
c) Beschreibe, wie du das Kreisdiagramm angefertigt hast.

b Miriam fragte 15 Klassenkameradinnen, wo sie ihren Urlaub verbracht haben.
a) Bestimme jeweils die Anteile als Bruch und in Prozent.
b) Wie viele Schülerinnen haben in jedem Land Urlaub gemacht?
c) In den Ländern haben jeweils drei Jungen der Klasse ihren Urlaub verbracht. Wie verändert sich das Kreisdiagramm, wenn die Jungen auch noch im Diagramm berücksichtigt werden sollen?

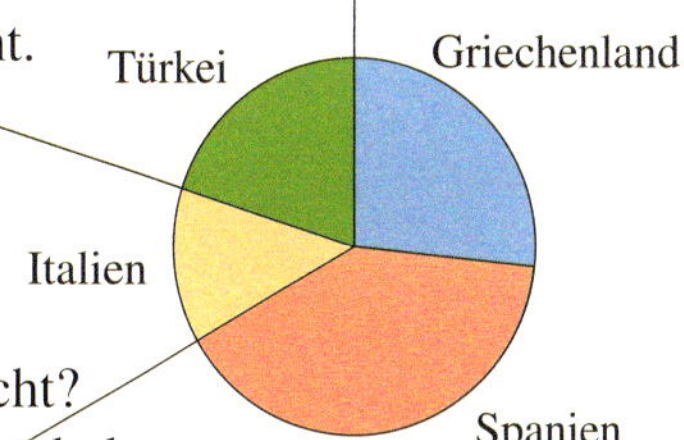

4 **a** Welche Fragestellung könnte hinter dem Diagramm stehen? Nenne zwei Möglichkeiten.

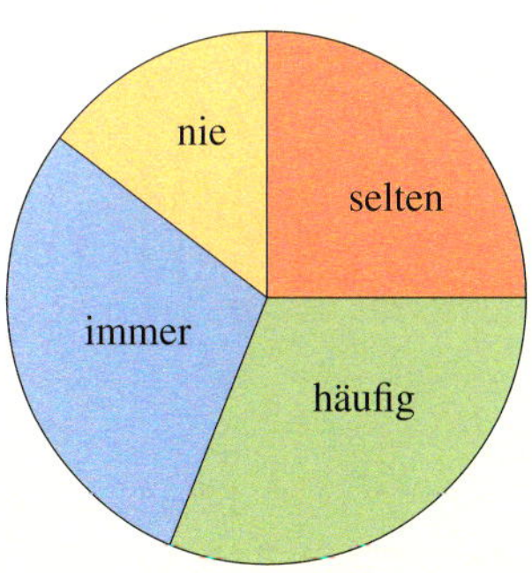

4 **b** In diesem Jahr bekommt Steven nur halb so viel Geld von den Großeltern zu Weihnachten. Erkläre den Fehler im abgebildeten Piktogramm.

HINWEIS
Brauchst du noch Hilfe, so findest du auf der angegebenen Seite ein Beispiel oder eine Anregung zum Lösen der Aufgaben. Überprüfe deine Ergebnisse mit den Lösungen ab Seite 40.

Aufgabe	*Seite*
1 – 4	*12*

Zusammenfassung

Begriffe der Zinsrechnung

Um die **Jahreszinsen** zu berechnen, kann man den Dreisatz nutzen oder die Zinsformel.

$Z = K \cdot \frac{p}{100}$

85 € werden mit 12 % verzinst. Wie hoch sind die Zinsen?

$Z = 85 \cdot \frac{12}{100} = 10{,}2$

Anteil	Anzahl
100 %	85 €
1 %	0,85 €
12 %	10,20 €

(: 100, · 12)

Die Zinsen betragen 10,20 €.

Um das **Kapital** zu berechnen, kann man den Dreisatz nutzen oder die umgestellte Zinsformel.

$K = Z \cdot \frac{100}{p}$

32 % Zinsen sind 80 €. Wie hoch ist das Kapital?

$K = 80 \cdot \frac{100}{32} = 250$

Anteil	Anzahl
32 %	80 €
1 %	2,50 €
100 %	250 €

(: 32, · 100)

Das Kapital beträgt 250 €.

Um den **Zinssatz** zu berechnen, kann man den Dreisatz nutzen oder die umgestellte Zinsformel.

$\frac{p}{100} = \frac{Z}{K}$ oder $p\,\% = \frac{Z}{K}$

125 € Kapital ergeben 6 € Zinsen. Wie hoch ist der Zinssatz?

$p\,\% = \frac{6}{125} = 0{,}048 = 4{,}8\,\%$

Anzahl	Anteil
125 €	100 %
1 €	0,8 %
6 €	4,8 %

(: 125, · 6)

Der Zinssatz beträgt 4,8 %.

Tageszinsen und Zinseszinsen berechnen

Die **Zinsen für Teile eines Jahres** kann man berechnen, indem man das Kapital mit dem Zinssatz multipliziert und mit dem Bruchteil eines Jahres multipliziert.

$Z = K \cdot p\,\% \cdot t$

1 400 € werden für 5 Monate zu 2,2 % angelegt. Wie hoch sind die Zinsen?
$Z = 1\,400\,€ \cdot 2{,}2\,\% \cdot \frac{5}{12}$
$= 7{,}70\,€$

Zinseszinsen entstehen, wenn Zinsen angelegt werden und wieder Zinsen erbringen.

1 400 € werden zu 2,2 % angelegt. Wie hoch sind die Zinsen nach 2 Jahren?
Nach 1 Jahr: $Z = 1\,400\,€ \cdot \frac{2{,}2}{100} = 30{,}80\,€$
Nach 2 Jahren: $Z = 1\,430{,}80\,€ \cdot \frac{2{,}2}{100} = 31{,}48\,€$

Um das Kapital nach n Jahren zu berechnen, kann man die Formel $K_n = K \cdot (1 + \frac{p}{100})^n$ nutzen.

500 € werden zu 2,2 % angelegt. Wie hoch ist das Kapital nach 5 Jahren?
$K_5 = 500\,€ \cdot (1 + \frac{2{,}2}{100})^5 = 557{,}47\,€$

Tilgungspläne mit Tabellenkalkulation

Im **Tilgungsplan** wird festgehalten, wie ein Kredit in Raten abgezahlt werden kann.
Bei **Ratensparplänen** wird regelmäßig Geld eingezahlt. Das Kapital am Jahresanfang ist die Summe aus dem Kapital des Vorjahres und der Rate.

Teste dich!

1 Berechne jeweils die fehlende Größe bei der Geldanlage für ein Jahr.

	a)	b)	c)	d)	e)	f)	g)
Kapital *K*	12 500 €	7 500 €		15 000 €		280 €	18 500 €
Zinsen *Z*			800 €	150 €	120 €	28,28 €	
Zinssatz *p* %	6 %	3,6 %	8 %		1,2 %		3,75 %

2 Ergänze die Tabelle mit Hilfe des Taschenrechners.

a

	Kapital	Zinssatz	Zinsen	Anlage-dauer
a)	325 €	3,5 %		1 Jahr
b)	728 €	7,9 %		6 Monate
c)	1 080 €	2,3 %		18 Tage
d)	2 400 €	10 %		2 Jahre
e)	28 590 €		3 373,62 €	6 Monate
f)	13 040 €		156,48 €	6 Monate
g)	14 560 €	7,2 %		3 Monate
h)		2,75 %	68,75 €	3 Monate

3 Herr Würz legt 2 000 € für ein Jahr zu einem Zinssatz von 3 % an. Wie viel Geld hat er mit Zinsen am Ende des Jahres?

4 Marie überzieht ihr Konto um 80 € vier Monate lang bei einem Zinssatz von 10,2 %.
Wie viel Zinsen muss sie dafür bezahlen?

5 Herr Gräfe zahlt 2 000 € auf ein Konto, das mit 2,5 % verzinst wird. Welches Kapital hat er nach 2 Jahren, wenn die Zinsen mit verzinst werden?

b

	Kapital	Zinssatz	Zinsen	Anlage-dauer
a)	482 €	8,9 %		1 Jahr
b)	4 940 €		271,70 €	1 Jahr
c)		3,5 %	29,40 €	1 Jahr
d)	3 420 €	3 %		2 Jahre
e)		9,8 %	122,99 €	6 Monate
f)	49 445 €	4,9 %		3 Monate
g)	3 840 €	3 %		100 Tage
h)		5 %	45 €	135 Tage

3 Frau Wolff hat nach einem Jahr 3 260,25 € erhalten. Wie viel Geld hatte sie dafür zu einem Zinssatz von 3,5 % angelegt?

4 Frau Schrader begleicht eine Rechnung über 420 € erst 108 Tage nach der Fälligkeit. Dafür werden 10,5 % Verzugszinsen gefordert. Wie viel muss sie bezahlen?

5 Herr Hesse zahlt 2 400 € in seinen Bausparvertrag ein. Welches Kapital hat er nach 3 Jahren bei einem gleich bleibenden Zinssatz von 3,5 %? Die Zinsen werden mit verzinst.

HINWEIS
Brauchst du noch Hilfe, so findest du auf der angegebenen Seite ein Beispiel oder eine Anregung zum Lösen der Aufgaben. Überprüfe deine Ergebnisse mit den Lösungen ab Seite 40.

Aufgabe	*Seite*
1 – 7	*14*

6 Erstelle mit einem Tabellenkalkulationsprogramm einen Tilgungsplan für einen Kredit über 17 000 € zu einem Zinssatz von 8,9 %. Die jährlichen Raten betragen 3 000 €.
a) Nach wie vielen Jahren ist der Kredit abbezahlt?
b) Nach wie vielen Jahren ist der Kredit bei jährlichen Raten von 2 500 € abbezahlt?
c) Erstelle ein Säulendiagramm, in dem man die Kredithöhe jedes Jahres ablesen kann.

7 Frau Heinzel muss ihr Hausdach neu decken lassen. Sie hat ein Kreditangebot zu einem Zinssatz von 9 %. Sie kann nach einem Jahr inklusive Zinsen höchstens 21 800 € zurückzahlen. Wie hoch darf die Kreditsumme höchstens werden?
Löse die Aufgabe nach den vier Schritten der Modellierung.

Zusammenfassung

Pyramiden erkennen und zeichnen

Eine **Pyramide** ist ein Körper mit einem n-Eck als Grundfläche und n Dreiecken als Seitenflächen, die einen gemeinsamen Eckpunkt (die Spitze) haben.

Pyramiden werden nach ihrer Grundfläche benannt. Pyramiden mit quadratischer Grundfläche heißen **quadratische Pyramiden**.

Verläuft die Höhe von der Spitze zum Mittelpunkt der Grundfläche, heißt die Pyramide **gerade**.

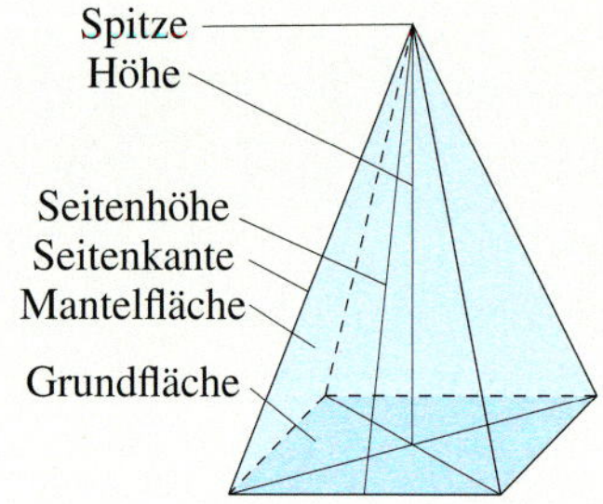

Quadratische Pyramide

Mantel- und Oberflächenberechnung bei einer Pyramide

Die dreieckigen Seitenflächen einer Pyramide bilden ihre **Mantelfläche A_M**.

Nimmt man die Grundfläche A_G zur Mantelfläche A_M hinzu, ergibt sich die **Oberfläche A_O der Pyramide**. Für Pyramiden mit quadratischer Grundfläche gilt:
$A_O = 2 \cdot a \cdot h_a + a^2$

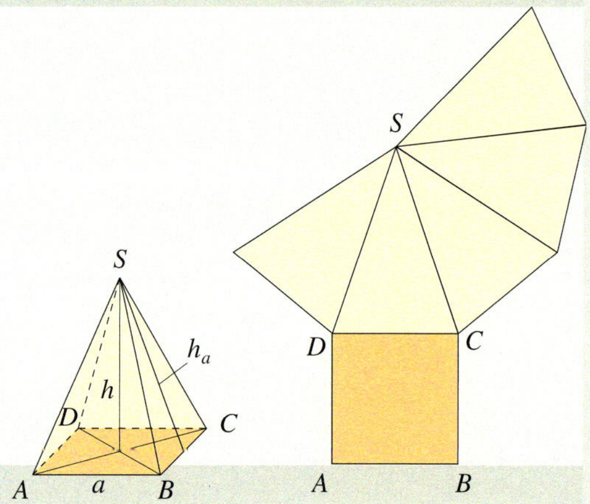

Volumen von Pyramiden

Das **Volumen V einer Pyramide** bestimmt man, indem man den Flächeninhalt der Grundfläche A_G mit der Höhe h der Pyramide und dem Faktor $\frac{1}{3}$ multipliziert.
Es gilt also: $V = \frac{1}{3} \cdot G \cdot h$

Berechne das Volumen einer quadratischen Pyramide mit $a = 10\,\text{cm}$ und $h = 5\,\text{cm}$.
$V_{\text{Pyramide}} = \frac{1}{3} \cdot (10\,\text{cm})^2 \cdot 5\,\text{cm} \approx 166{,}67\,\text{cm}^3$

Schrägbilder von geraden Pyramiden zeichnen
Beachte: Nicht sichtbare Linien werden gestrichelt eingezeichnet.
1. Zeichne die Grundfläche. Dabei verkürzen sich die in die Tiefe verlaufenden Kanten bei einem Winkel von $\alpha = 45°$ um die Hälfte.
2. Zeichne – beim Mittelpunkt der Grundfläche beginnend – die Höhe ein.
3. Verbinde die Spitze mit den Eckpunkten der Grundfläche.

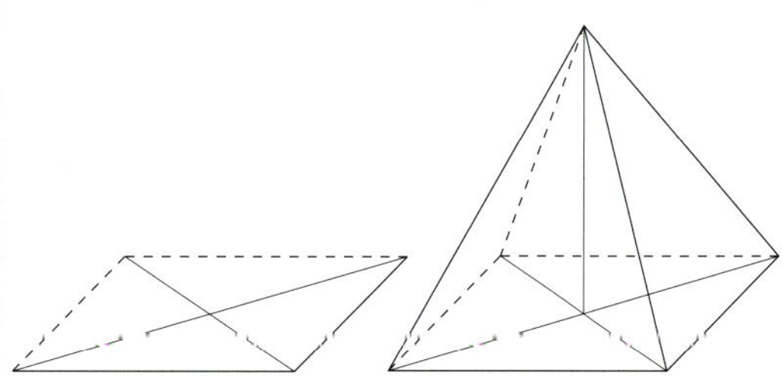

Teste dich!

a

1 Berechne die fehlenden Größen von a, h, h_a, s und V der quadratischen Pyramide.
Runde auf eine Nachkommastelle.
a) $a = 2\,\text{cm}$, $h_a = 5\,\text{cm}$
b) $h = 20\,\text{dm}$, $h_a = 25\,\text{dm}$
c) $a = 4\,\text{cm}$, $s = 9\,\text{cm}$
d) $h = 8{,}2\,\text{cm}$, $h_a = 14{,}9\,\text{cm}$
e) $h_a = 11\,\text{dm}$, $s = 14\,\text{dm}$
f) $a = 3{,}5\,\text{m}$, $s = 7{,}2\,\text{m}$

2 Berechne das Volumen der Pyramide.
Runde auf eine Nachkommastelle.

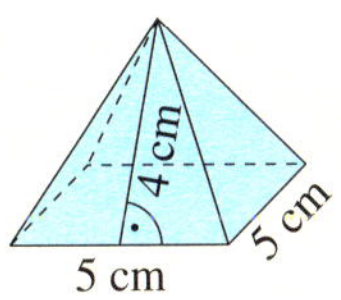

3 Zeichne das Schrägbild eines Quaders mit $a = b = 3\,\text{cm}$ und $h = 5\,\text{cm}$. Auf dem Quader steht eine auf der Grundfläche stehende Pyramide mit gleicher Seitenlänge und gleicher Höhe.

4 Einem Würfel mit einer Kantenlänge von 6 cm wird ein 5 cm hohes pyramidenförmiges Dach aufgesetzt.
Berechne das Volumen des entstandenen Körpers.

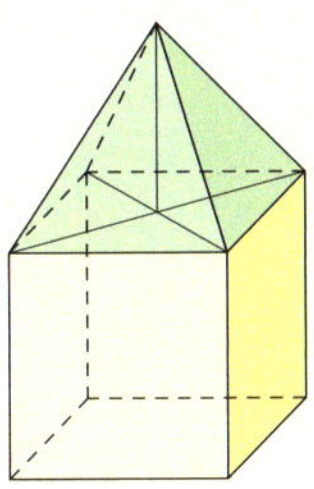

b

1 Berechne die fehlenden Größen von a, b, h, h_a, h_b, A_M, A_O, und V der rechteckigen Pyramide.
Runde auf eine Nachkommastelle.
a) $a = 5\,\text{cm}$, $b = 3\,\text{cm}$, $h = 7\,\text{cm}$
b) $h = 10\,\text{cm}$, $h_a = 13\,\text{cm}$, $h_b = 11\,\text{cm}$
c) $a = 2{,}5\,\text{m}$, $b = 4\,\text{m}$, $V = 30\,\text{m}^3$
d) $b = 3\,\text{dm}$, $h = 3\,\text{dm}$, $V = 15\,\text{dm}^3$
e) $a = 30\,\text{cm}$, $h_b = 37\,\text{cm}$, $V = 2704\,\text{cm}^3$
f) $a = 7{,}5\,\text{m}$, $b = 11{,}3\,\text{m}$, $h = 5\,\text{m}$

2 Berechne den Oberflächeninhalt und das Volumen der quadratischen Pyramide.

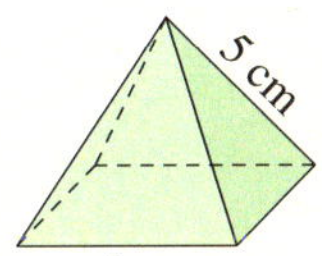

3 Zeichne eine auf der Grundfläche stehende quadratische Pyramide mit $a = 3\,\text{cm}$ und $h = 5\,\text{cm}$, auf deren Spitze eine auf der Spitze stehende quadratische Pyramide mit $a = 2\,\text{cm}$ und $h = 3\,\text{cm}$ balanciert.

4 Einem Quader mit den Seitenlängen $l = 6\,\text{cm}$, $b = 4\,\text{cm}$ und $h = 3\,\text{cm}$ wird ein 4,5 cm hohes pyramidenförmiges Dach aufgesetzt.
a) Berechne das Volumen des entstandenen Körpers.
b) Berechne den Mantelflächeninhalt der Pyramide.

HINWEIS
Brauchst du noch Hilfe, so findest du auf der angegebenen Seite ein Beispiel oder eine Anregung zum Lösen der Aufgaben. Überprüfe deine Ergebnisse mit den Lösungen ab Seite 40.

Aufgabe	Seite
1–5	16

5 Zeichne die Schrägbilder von Pyramiden mit folgenden Angaben:
a) • quadratische Gundfläche mit der Seitenänge 6 cm
• Höhe 3 cm
b) • rechteckige Gundfläche mit den Seitenängen 3 cm und 5 cm
• Höhe 4 cm

Training

Terme und Gleichungen

1 Fasse die Terme zusammen.

a) $3x + 10x - 7x$
b) $16a + 8a - 5a - 9a$
c) $4z - 15z + 17z - z + 38z - 8z$
d) $14a - 6b + 15a - 28b - 7a - b$
e) $7{,}2x + 1{,}5y - 3{,}7x - 2{,}3x - 5{,}7y$

2 Vereinfache die Produkte.

a) $13a \cdot 5$ b) $5x \cdot (-2x)$
c) $4a \cdot 3b \cdot 5c$ d) $0{,}5xy \cdot 4y$
e) $-4a \cdot (-3b^2) \cdot 2ab$ f) $\frac{1}{2}xy \cdot \frac{1}{3}x^2 \cdot 2xy$

202-1
BEACHTE
Unter dem Webcode gibt es eine interaktive Übung zu Zahlen, die Gleichungen erfüllen.

3 Löse die Klammern auf und fasse die Terme zusammen, wenn es möglich ist.

a) $a + (b + a) - (a + b)$
b) $7x - (3 + 4x) - (8x - 11)$
c) $5{,}6r + (2{,}8s - 2{,}8r) + 1{,}6r - 2{,}5s$
d) $b - (5{,}2c - 0{,}4b) + (1{,}8b - 0{,}6c)$
e) $23a - (34b + 19a - 24b) - a$
f) $(17p - 8) + (-33 + 14p) - (28p - 19)$

4 Multipliziere die Terme aus.

a) $5(a + b)$ b) $4a(2b - 1)$
c) $b(3 - c)$ d) $5m(-6 + 2n)$
e) $-4(x + y)$ f) $-3x(x - 2y)$
g) $4(a - b + c)$ h) $2(x - y - z)$

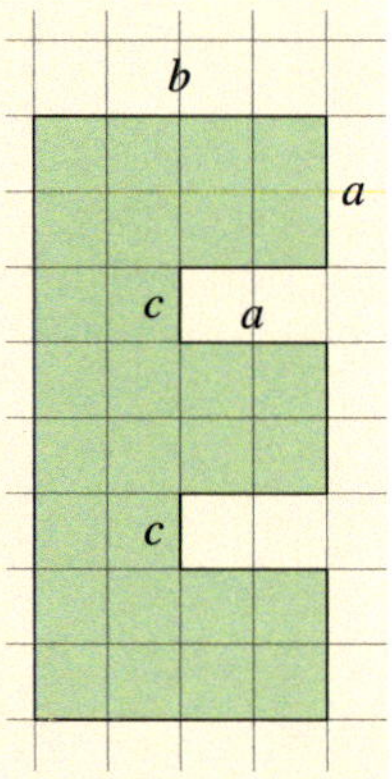

5 Gib jeweils zwei verschiedene Terme für den Flächeninhalt und den Umfang der Figur in der Randspalte an und zeige durch Umformungen, dass sie gleichwertig sind.

6 Wandle in Produkte um.

a) $4a + 4b$ b) $5x - 5y$
c) $6x - 12y$ d) $4a + 8b$
e) $6ax + 12ay$ f) $15bc - 25bd$
g) $30x^2 - 24x$ h) $56a^2 + 32a$

7 Löse die Gleichungen.

a) $5x + 17 = 3x + 11$
b) $9x - 43 = 25 - 8x$
c) $17z + 25 = 90 - 9z$
d) $43 - 7a = 9a - 13$
e) $11 - 0{,}2y = 35 - 1{,}4y$
f) $2{,}1x + 18{,}4 = 5{,}7x - 3{,}2$

8 Klammere jeweils einen möglichst großen Faktor aus.

a) $4a + 8b + 6c$ b) $12a - 18b - 27c$
c) $15xy + 9xz - 3$ d) $12a^2bc - 20ab^2c + 4abc$

9 Löse die Klammern auf und bestimme die Lösung der Gleichung.

a) $48 - (9x - 36) = 3x$
b) $5x + 20 = 7x - (3x - 23)$
c) $7x - 35 = 4x + (2x - 28)$
d) $7x = 59 - (13x - 21)$
e) $5 - 5x - (10 - 6x) = 5$

10 Ein gleichschenkliges Dreieck hat 125 cm Umfang.
Die Basis ist halb so lang wie ein Schenkel. Wie lang sind Schenkel und Basis?

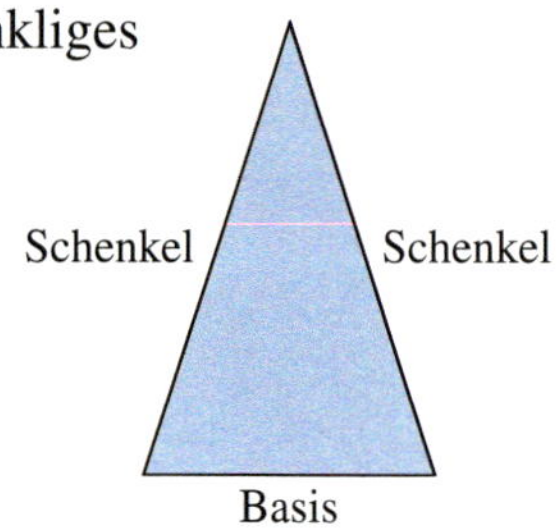

11 Löse die Gleichungen.

a) $5(x - 8) + 3(4 - x) = 14$
b) $x - 2(x - 5) = 3x - (8 - x)$
c) $12(x + 4) + 2(3 + 16x) = 142$
d) $29 - (x + 3) + 2(5 + x) = 37$
e) $(x - 5)7 - 5(x + 1) = 0$
f) $\frac{1}{2}(x + 2) + \frac{1}{2}(x - 8) = 7$

12 Der Grundriss eines Gebäudes ist rechteckig mit 176 m Umfang. Die Längsseite ist 3-mal so lang wie die kürzere Seite. Wie lang und wie breit ist das Gebäude?

13 In einem Dreieck ist der Winkel β um 42° größer als der Winkel α. Der Winkel γ ist 4-mal so groß wie α.

a) Wie groß ist der Winkel α?
b) Wie groß sind die Winkel β und γ?

14 Multipliziere und fasse zusammen.

a) $(y + 4)(y + 3)$ b) $(3x - 1)(4x - 2)$
c) $(a + 2)(4 - a)$ d) $(3a + 2)(2a - 3)$
e) $(m - 3)(m + 5)$ f) $(4t - s)(5s - t)$

Ähnlichkeit

1 Vergrößere bzw. verkleinere das jeweilige Rechteck.

a) $a = 3{,}4\,\text{cm}$; $b = 2{,}8\,\text{cm}$; $k = 2$

b) $a = 6{,}4\,\text{cm}$; $b = 4{,}8\,\text{cm}$; $k = \frac{1}{4}$

c) $a = 2{,}7\,\text{cm}$; $b = 3{,}8\,\text{cm}$; $k = 1{,}5$

2 Berechne die Länge der Strecke x (in cm).

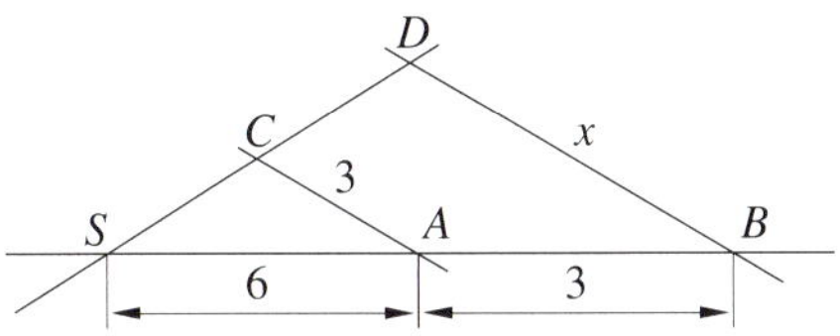

3 Ein Gebäude wird aus einer Entfernung von 37 m angepeilt. Die Armlänge beträgt 80 cm, die Augenhöhe 1,50 m und die Länge des Peilstabs 40 cm.
Wie hoch ist das Gebäude?

4 Die Höhe des Berliner Fernsehturms beträgt 368,03 m.

a) Aus welcher Entfernung müsste der Turm angepeilt werden, wenn die gleichen Maße für den Menschen und den Peilstab gelten wie in Aufgabe 3?

b) Wie weit müsste man entfernt stehen, um die Aussichtsplattform anzupeilen, die sich in 207,53 m Höhe befindet?

c) Die Armlänge beträgt nun 70 cm und der Peilstab ist 50 cm lang und die Augenhöhe liegt bei 1,40 m. Müsste man näher herantreten oder weiter weg gehen, um die Turmspitze oder die Plattform anzupeilen? Begründe.

d) Wie lang müsste der Peilstab sein, um den Fernsehturm aus exakt 200 m Entfernung mit einer Augenhöhe von 1,70 m und 85 cm Armlänge anzupeilen?

5 Modelleisenbahnen werden häufig in der Baugröße H0, das entspricht einem Maßstab von 1 : 87, gebaut.
Wie lang wäre der längste Zug der Welt (siehe Randspalte) im Modell?

6 Gegeben ist die folgende Figur. Das kleine Quadrat hat einen Flächeninhalt von $4\,\text{cm}^2$. Welchen Flächeninhalt hat das rechte Quadrat, wenn $\overline{ZA} = 4\,\text{cm}$ und $\overline{ZB} = 8{,}5\,\text{cm}$ ist?

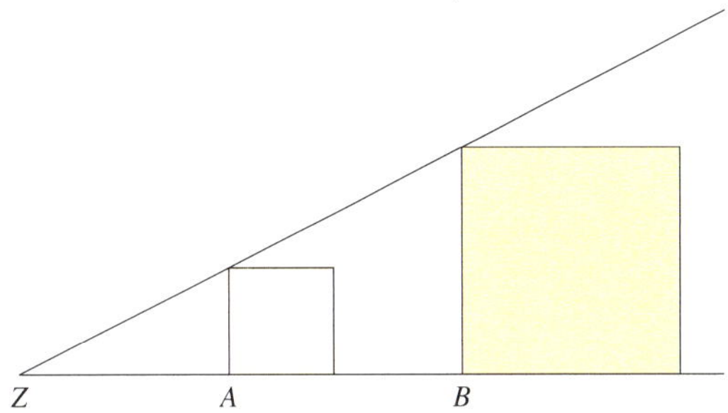

7 Das erste Seitenfenster vom Südportal des Regensburger Doms ist ein Beispiel für eine gotische Fensterform und für eine zentrische Streckung.

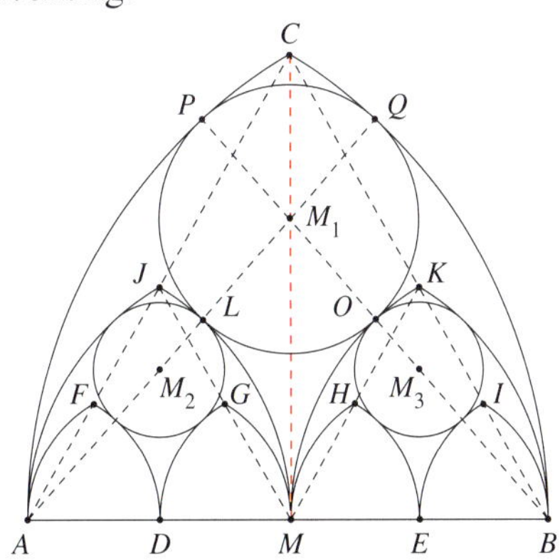

a) Erkläre mit Hilfe der zweiten Abbildung, wo die Streckzentren liegen und welche Punkte auf welche abgebildet werden.

b) Versuche ein solches Fenster zu konstruieren. Untersuche dafür die Dreiecke ABC, AMJ und MBK und überlege, welche Radien man für die Bögen benötigt.

c) Suche im Lexikon oder in deiner Stadt nach weiteren gotischen Fenstern. Sind dort ebenfalls Konstruktionen mit Hilfe der zentrischen Streckung erkennbar?

HINWEIS
Der längste und schwerste Zug der Welt war ein Güterzug der australischen BHP Iron Ore Gesellschaft, der am 21. Juni 2001 eine Strecke von 275 km zwischen den Newman-Yandl-Minen und Port Hedland in Western Australia zurücklegte. Der Zug bestand aus 8 Diesellokomotiven und 682 Waggons. Er war 7,353 km lang.

Lineare Funktionen und Gleichungssysteme

1 Der Tank eines Autos ist mit 60 Litern Benzin gefüllt. Bei einer Autobahnfahrt werden durchschnittlich 7 ℓ pro 100 km verbraucht.

a) Gib die Funktionsgleichung der Funktion *Strecke in km* → *Tankinhalt in ℓ* an.

b) Wie viele Liter Benzin befinden sich nach 325 km Fahrt noch im Tank?

c) Sollte man eine Autobahnfahrt von 820 km wagen, wenn keine Möglichkeit besteht unterwegs nachzutanken?

2 Gegeben ist die lineare Gleichung $4x + 2y = 36$.

a) Überprüfe, ob die Wertepaare Lösungen der linearen Gleichung sind.
$P(6|6)$; $Q(-4|25)$; $R(4{,}5|9)$; $S(-2{,}5|20)$

b) Ergänze jeweils den fehlenden Wert, sodass das Wertepaar eine Lösung der linearen Gleichung ist.
$A(-2|\square)$; $B(\square|4)$; $C(\square|12)$; $D(3{,}5|\square)$

c) Zeichne eine Gerade, auf der alle Lösungen der Gleichung liegen.

d) Gib eine Situation an, die zu der Gleichung passt.

3 Gib jeweils die Funktionsgleichung an.

a) f hat die Steigung $m = -0{,}25$ und schneidet die y-Achse bei $B(0|3)$.

b) g hat die Steigung $-\frac{1}{2}$ und geht durch den Punkt $P(-3|1)$.

c) h geht durch die Punkte $P(5|-5)$ und $Q(-4|13)$.

d) i schneidet die y-Achse bei $B(0|3)$ und ist parallel zur Geraden k mit $k(x) = -2x - 1$.

e) Zeichne die Graphen in ein Koordinatensystem ein und gib die Nullstellen der Funktionen an.

4 Herr Wenzel verkauft Handys der Marken Konia für 98 € und Toramolo für 105 €. Nachdem er insgesamt 65 Handys verkauft hat, befinden sich 6 629 € in der Kasse. Wie viele Handys der beiden Marken hat er verkauft?

ZUM KNOBELN

Gleiche Buchstaben bedeuten gleiche Zahlen. Findest du heraus, welche Zahl für welchen Buchstaben steht? Kleine Starthilfe: E = 4, M = 3.

```
    M E E R
+ S O N N E
-----------
  M U S I K
```

5 Löse die Gleichungssysteme grafisch und gibt die Koordinaten des Schnittpunkts an.

a) I $y = 2x - 1{,}5$; II $y = -\frac{1}{2}x + 1$

b) I $y = -\frac{1}{4}x + 1$; II $y = \frac{1}{2}x - 2$

c) I $y = \frac{2}{3}x - 4$; II $2y = -3x + 5$

d) I $y = \frac{3}{2}x - 2$; II $y = \frac{1}{4}x - 1$

6 Löse das Gleichungssystem rechnerisch mit einem geeigneten Verfahren.

a) I $13y - 9x = 7$; II $13y - 11x = -3$

b) I $y - 2x = -3$; II $y = 3x - 9$

c) I $4x + y = 31$; II $2x - y = 11$

d) I $5x + 7y = 50$; II $9x + 14y = 90$

e) I $4x + 4y = 2$; II $x = 1 - y$

f) I $2x + 6y = 12$; II $4x = 24 - 12y$

7 Bei Vereinsfesten werden häufig Wertmarken verkauft.

a) Harun kauft Wertmarken zu 0,80 € und zu 1,20 €. Er bezahlt für 20 Wertmarken 19,20 €.
Welche Wertmarken hat er gekauft?

b) Volkan kauft 10 blaue und 15 rote Wertmarken für 32,50 €. Die roten Wertmarken sind 0,50 € teurer als die blauen Marken. Was kostet eine rote Marke?

8 Thomas hat für seinen Führerschein nur 24 Fahrstunden gebraucht. Sein Freund Lukas brauchte 30 Fahrstunden. Zusammen mit der Anmeldegebühr musste Thomas 929 € und Lukas 1 115 € zahlen.

a) Wie teuer war eine Fahrstunde und wie hoch war die Anmeldegebühr?

b) In einer anderen Fahrschule beträgt die Anmeldegebühr 250 € und der Preis für eine Fahrstunde 29 €. Ab welcher Anzahl von Fahrstunden wäre diese Fahrschule günstiger?

9 Die Summe dreier Zahlen beträgt 71. Das 5-fache der ersten Zahl ist gleich dem 6-fachen der zweiten Zahl. Die dritte Zahl ist um 9 kleiner als die zweite.
Wie heißen die drei Zahlen?

Rechnen mit Potenzen

1 Schreibe die Potenz als Produkt und berechne den Potenzwert.

a) 3^5 b) 10^6 c) $0{,}1^4$ d) $1{,}2^3$
e) $(\frac{1}{2})^5$ f) $(\frac{2}{3})^4$ g) $5 \cdot (\frac{1}{2})^2$ h) $4{,}5^3$
i) $0{,}16^2$ j) $0{,}02^4$ k) $0{,}001^3$ l) $\frac{1}{2} \cdot (\frac{2}{5})^3$

2 Berechne den Potenzwert.
Überlege zuerst, ob er positiv oder negativ ist.

a) $(-\frac{1}{3})^4$ b) $(-2)^6$ c) $-0{,}5^3$
d) $(-\frac{1}{4})^5$ e) $(-3)^3$ f) $-0{,}2^4$

3 Schreibe als Potenz mit negativem Exponenten.

a) $\frac{1}{81}$ b) $\frac{1}{16}$ c) $\frac{1}{49}$
d) $\frac{1}{64}$ e) $\frac{1}{121}$ f) $\frac{1}{169}$

4 Stelle die folgenden Zahlen mit Zehnerpotenzen dar.

a) 0,005 b) 0,0057
c) 0,0009 d) 0,000062
e) 0,000000209 f) 0,0000000085

5 Schreibe als Dezimalzahl.

a) $(\frac{1}{10})^2$ b) 10^{-4}
c) $5 \cdot 10^3$ d) $2{,}4 \cdot 10^5$
e) $6{,}1 \cdot 10^{-3}$ f) $9{,}4 \cdot 10^{-4}$
g) $1{,}6 \cdot 10^4$ h) $2{,}5104 \cdot 10^7$
i) $1{,}55 \cdot 10^4$ j) $4{,}02 \cdot 10^{-2}$
k) $2{,}87 \cdot 10^{-3}$ l) $3{,}41 \cdot 10^8$
m) $6{,}2 \cdot 10^{-6}$ n) $5{,}075 \cdot 10^7$
o) $9{,}0004 \cdot 10^9$ p) $2{,}34015 \cdot 10^{-12}$

6 Schreibe in wissenschaftlicher Schreibweise mit Zehnerpotenzen.

a) 6308000
b) 95200000
c) 5047000000
d) 28630000000
e) 351000000000
f) 7033000000000

7 Stelle als Dezimalzahlen dar.

a) Fläche Deutschlands: $3{,}6 \cdot 10^5\,km^2$
b) Erdoberfläche: $5{,}1 \cdot 10^8\,km^2$
c) Volumen der Erde: $1{,}1 \cdot 10^{12}\,km^3$
d) Zellen im menschlichen Körper: $7 \cdot 10^{13}$
e) Nervenzellen im Gehirn: 10^{11}

8 Gib das Alter der Versteinerung in wissenschaftlicher Schreibweise an.

9 Finde in der Liste alle Quadratzahlen.
Es sind 12 Stück.
2; 4; 36; 68; 121; 49; 175; 77; 9; 900; 1; 10; 81; 98; 54; 400; 2500; 1000; 169; 13; 289.

10 Ergänze die Tabellen im Heft.

a)

x^2	64		81		400
x		11		15	

b)

x^2	125		729	64	
x		8			13

c)

x^3	8		512		343
x^2		36		144	
x					

11 Zwischen welchen beiden natürlichen Zahlen liegt die Quadratwurzel?

a) $\sqrt{250}$
b) $\sqrt{1000}$
c) $\sqrt{305}$

12 Ein Rechteck soll in ein flächengleiches Quadrat umgewandelt werden.
Welche Seitenlänge hat das Quadrat?

a) $a = 24\,m$; $b = 6\,m$
b) $A = 90{,}25\,m^2$; $b = 50\,cm$
c) $a = 700\,cm$; $b = 28\,m$
d) $a = 0{,}27\,m$; $A = 8100\,cm^2$
e) $a = 30{,}25\,cm$; $b = 1{,}6\,dm$

13 Welche Kubikzahl liegt am nächsten an der gegebenen Zahl?

a) 250 b) 80
c) 1100 d) 500
e) 1800 f) 4000

14 Ein Wohnzimmer von 5,5 m Länge und 4,8 m Breite wird mit quadratischen Fliesen ausgelegt, die eine Kantenlänge von 30 cm (25 cm) haben.

a) Wie viele Fliesen sind nötig?
b) Begründe, warum die berechnete Anzahl eine Mindestzahl angibt.

Versteinerung eines Farnes aus einem Steinkohlenwald (350 mm hoch). Alter: 350 Mio. Jahre

Satz des Pythagoras

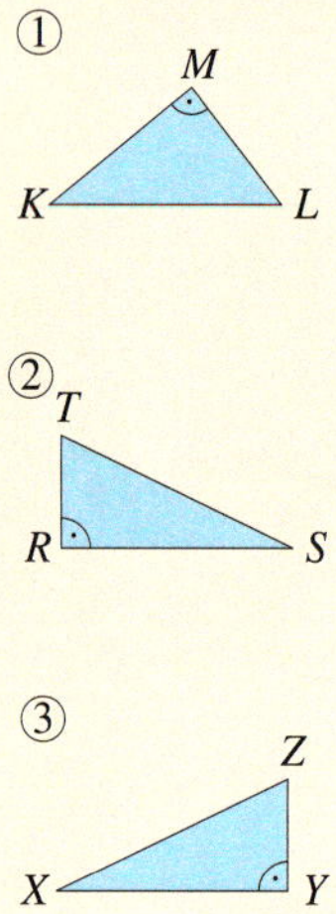

1 Jedes der abgebildeten Dreiecke ist rechtwinklig.

a) Welche Seite ist jeweils die Hypotenuse?

b) Schreibe für jedes Dreieck die Gleichung auf, die sich nach dem Satz des Pythagoras ergibt.

2 Vervollständige die folgende Tabelle.

	Kathete *a*	Kathete *b*	Hypotenuse *c*
a)	8 cm	6 cm	
b)	15 cm		17 cm
c)		19 cm	21 cm
d)	7 mm	24 mm	
e)	17 m		19 m
f)		2,5 cm	36 cm
g)		12,8 cm	1,6 dm
h)	216 mm		3,6 dm

3 Für ein Rechteck der Länge a, Breite b und Diagonalenlänge d sind jeweils nur zwei Größen gegeben.
Berechne die fehlende Größe.

a) $a = 11$ cm; $b = 8$ cm

b) $a = 4{,}5$ cm; $b = 7$ cm

c) $a = 3{,}5$ cm; $d = 6{,}3$ cm

d) $b = 5{,}2$ cm; $d = 9{,}9$ cm

4 Kann ein rechtwinkliges Dreieck folgende Seitenlängen haben?

a) $a = 6$ cm, $b = 10$ cm, $c = 8$ cm

b) $a = 13$ cm, $b = 5$ cm, $c = 12$ cm

c) $a = 8$ cm, $b = 12$ cm, $c = 16$ cm

d) $a = 2$ cm, $b = 3$ cm, $c = 4$ cm

5 Kannst du auf einem DIN-A4-Papier (21 cm × 29,7 cm) eine Strecke von 40 cm zeichnen? Bis zu welcher Länge könntest du die Strecke zeichnen?

6 Ergänze mit Hilfe der Zeichnung.

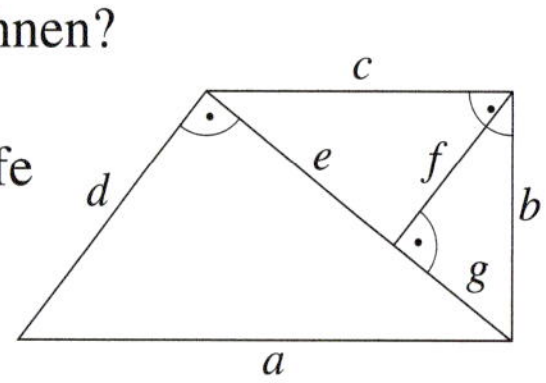

a) $c^2 = f^2 + \square$

b) $f^2 + \square = b^2$

c) $b^2 = (e + g)^2 - \square$

d) $a^2 = d^2 + \square$

e) $e = \sqrt{\square - f^2}$

f) $d = \sqrt{a^2 - \square}$

7 Betrachte die folgende Figur.

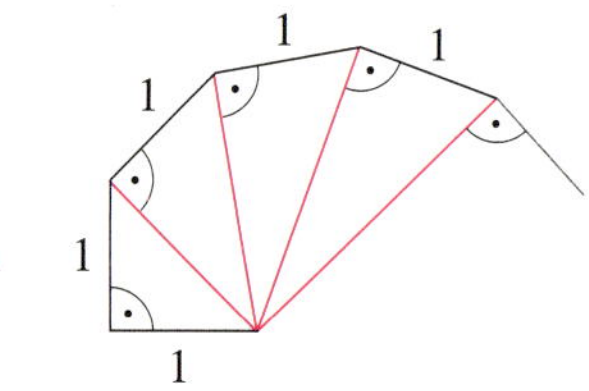

a) Gib die Längen der roten Strecken (Maße in cm) ungerundet an.

b) Begründe den Namen „Wurzelschnecke“.

c) Zeichne die „Schnecke“, bis sich die Dreiecke fast überschneiden. Wie lang ist die letzte Hypotenuse? Vergleiche den gemessenen und den berechneten Wert.

8 Felix möchte eine Lautsprecherbox in der Form einer quadratischen Pyramide bauen. Die Seitenlänge der Grundfläche soll 50 cm und die Höhe der fertigen Pyramide 110 cm betragen. Welche Länge müssen die Schenkel der Dreiecke dann erhalten?

9 Wie weit kann der Kapitän eines Ozeanriesen über das Meer schauen, wenn sich die Kommandobrücke in 35 m Höhe über dem Wasserspiegel befindet? (Erdradius: 6 371 km)

10 Ein halbkreisförmiger Tunnel wird gebaut. Das Verkehrsschild zur Höhenbegrenzung des halbkreisförmigen Tunnels fehlt jedoch noch. Welche Höhenbegrenzung muss auf das Schild für die Fahrzeuge geschrieben werden?

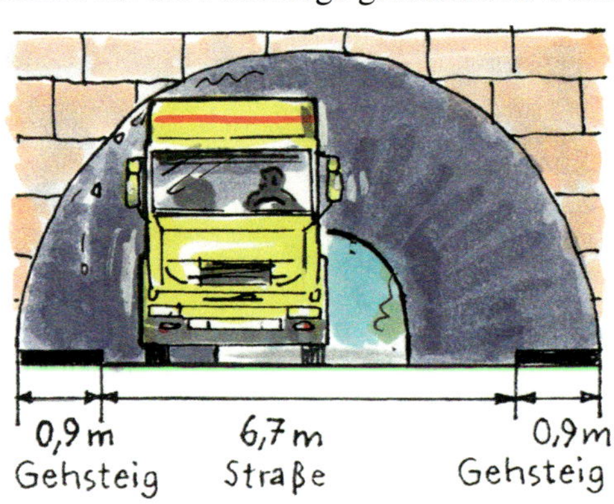

Daten

1 Bei einer Klassenarbeit erhielten die Schülerinnen und Schüler folgende Noten:
3, 2, 3, 2, 5, 4, 3, 5, 4, 2, 2, 1, 5, 3, 4, 2, 2, 3, 5, 4, 3, 4, 2, 3, 1, 2, 3, 5, 4, 2.
a) Fertige eine Häufigkeitstabelle an.
b) Stelle die Ergebnisse der Klassenarbeit in einem Säulendiagramm dar.
c) Berechne das arithmetische Mittel und gib den Modalwert an.
d) Jette sagt: „Mehr als die Hälfte meiner Mitschüler haben eine schlechtere Note erhalten als ich.“ Welche Noten kann Jette bekommen haben?

2 Jascha hat den Zensurenspiegel der letzten Klassenarbeit nicht vollständig abgeschrieben.

1	2	3	4	5	6
5	8			2	0

Er kann sich daran erinnern, dass der Klassendurchschnitt genau bei 2,6 lag und dass 25 Schüler die Arbeit mitgeschrieben haben. Finde heraus, wie viele Schüler eine 3 bzw. eine 4 geschrieben haben.

3 Während eines Frühlingstages wurde alle vier Stunden die Lufttemperatur gemessen und notiert: 4 °C, 6 °C, 8 °C, 12 °C, 11 °C, 7 °C.
a) Berechne die Durchschnittstemperatur.
b) Bestimme den Zentralwert.

4 Bestimme die relativen Häufigkeiten und vergleiche.
a) 4 Treffer bei 5 Elfmetern – 9 Treffer bei 10 Elfmetern.
b) 3 Fehler bei 50 Aufgaben – 4 Fehler bei 80 Aufgaben.
c) 18 von 30 Stimmen – 27 von 50 Stimmen.

5 Nach einer repräsentativen Untersuchung aus dem Jahre 2003 sehen drei Viertel der Deutschen Thomas Gottschalk gerne im Fernsehen. Für Günther Jauch stimmten 9 von 10 Zuschauern, für Oliver Geißen 60 % der Deutschen. Bestimme für jeden Moderator den Anteil in Prozent- und Bruchschreibweise und stelle eine Beliebtheitsskala auf.

6 Die „Pizzeria Roma“ hat ihre Gäste zu deren Lieblingspizza befragt (siehe Kreisdiagramm). Bestimme jeweils die Anteile in Bruch- und Prozentschreibweise.

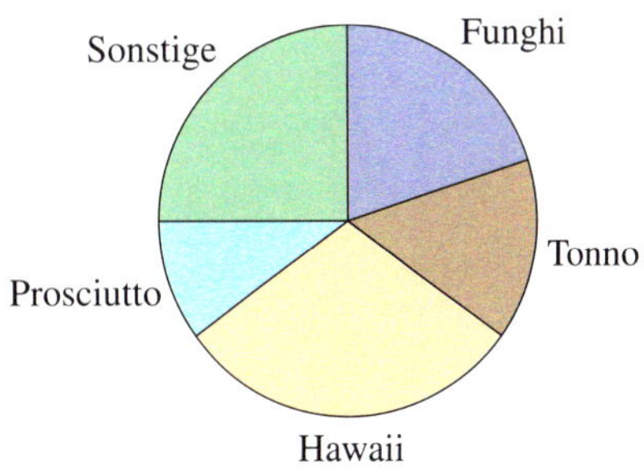

207-1
BEACHTE
Unter dem Webcode gibt es eine interaktive Übung zum Bestimmen von Prozentzahlen aus Diagrammen.

7 Auch die „Pizzeria Luisa“ befragt ihre Kunden nach deren Lieblingsgericht:

Lieblingsgericht	Anzahl Gäste
Pizza Bolognese	6
Pizza Salami	8
Lasagne	12
Tortellini a la Casa	9
sonstiges	15

a) Stelle das Ergebnis der Umfrage in einem Kreisdiagramm dar.
b) Berechne die relativen Häufigkeiten. Gib sie als Bruch, als Dezimalbruch und in Prozentschreibweise an.

Angewandte Zinsrechnung

208-1
BEACHTE
Unter dem Webcode findest du interaktive Übungen zum Zuordnen von Jahreszinsen.

208-2
BEACHTE
Unter dem Webcode gibt es interaktive Übungen zu Kapital, Zinsen und Zinssatz.

1 Berechne die Jahreszinsen.
a) 1520€ zu 2% b) 3800€ zu 4%
c) 17€ zu 5% d) 1640€ zu 3,5%
e) 1830€ zu 2,75% f) 2572€ zu 3,75%
g) 18500€ zu 9,8% h) 20800€ zu 7,7%

2 Ergänze die fehlenden Werte.

	Kapital	Zinsen	Zinssatz
a)	180€		4,5%
b)	400€	9,20€	
c)	250€		4,1%
d)		54€	2%
e)	1280€		1,25%
f)		48,65€	1,75%
g)		135€	2,25%
h)	2500€	77,50€	

3 Anna hat zu Beginn eines Jahres 200€ auf ihrem Konto. Sie erhält 2,5% Zinsen im Jahr. Berechne die Zinsen, die Anna nach einem Jahr erhält.

4 Berechne die Zinsen für den angegebenen Zeitraum. (Beachte: 1 Jahr = 360 Tage)
a) 750€ zu 6% in 120 Tagen
b) 276€ zu 4% in 330 Tagen
c) 3680€ zu 4,5% in 270 Tagen
d) 168€ zu 5,25% in 300 Tagen
e) 2400€ zu 6% in 75 Tagen

	A	B	C
1	Sparplan mit einmaliger Einzahlung		
2			
3	Lena	Startkapital	Zinssatz
4		300,00 €	0,04
5			
6	Jahr	Kapital in €	Zinsen
7	1	300,00 €	12,00 €
8	2	312,00 €	12,48 €
9	3	324,48 €	12,98 €
10	4	337,46 €	13,50 €
11	5	350,96 €	14,04 €
12	6	365,00 €	14,60 €
13	7	379,60 €	15,18 €
14	8	394,78 €	15,79 €
15	9	410,57 €	16,42 €
16	10	426,99 €	17,08 €
17	11	444,07 €	17,76 €
18	12	461,84 €	18,47 €

5 Lena erhält 300€ zum 14. Geburtstag. Sie überlegt, das Geld für den Führerschein zu sparen. Eine Bank berechnet folgenden Sparplan.
a) Nach wie vielen Jahren sind die 300€ um mehr als 50% angewachsen?
b) Um wie viel Prozent sind die 300€ nach 2 Jahren, nach 5 Jahren bzw. 10 Jahren angewachsen?
c) Warum gibt es im 2. Jahr 0,48€ Zinsen mehr als im 1. Jahr?

6 Herr Fillinger braucht für die Fahrten zu seiner Arbeitsstätte ein neues Auto. Er hat einiges Geld gespart, es fehlen ihm aber noch 6000€. Für das fehlende Kapital vermittelt ihm der Autohändler einen Kredit. Für den Kredit sind jährlich 6,5% Zinsen zu zahlen. Berechne die Zinsen, die Herr Fillinger nach einem Jahr zahlen muss.

7 Frau Strab gibt eine Kleinanzeige auf. Die Tabelle zeigt die Kosten. Mit welchem Mehrwertsteuersatz wird gerechnet?

Summe (Netto)	2,10€
Mehrwertsteuer	0,40€
Summe (Brutto)	2,50€

8 Frau Degen hat in Aktien investiert. Diese Aktien werden in einem so genannten Depot verwaltet. Der Wert ihres Depots betrug zu Beginn des Jahres 10840€. Am Ende des Jahres ist dessen Wert um 8,35% gestiegen. Wie hoch ist der Wert ihres Depots jetzt?

9 Vergleiche die Kosten für einen Kredit über 5000€ mit einem Jahr Laufzeit.
Angebot 1:
9% Zinsen, 60€ Bearbeitungsgebühr.
Angebot 2:
9,5% Zinsen, keine Bearbeitungsgebühr.
Angebot 3:
8,5% Zinsen, 2% Bearbeitungsgebühr.
Angebot 4:
425€ Zinsen, 50€ Bearbeitungsgebühr.

10 Für die Modernisierung einer Heizung werden 7500€ als Darlehen benötigt. Für dieses Darlehen verlangt die Bank 8,25% Zinsen pro Jahr. Die Zinsen sind vierteljährlich zu zahlen. Wie viel Euro sind vierteljährlich für das Darlehen aufzubringen?

11 Julia überzieht ihr Konto um 850€ vom 8. Februar bis 14. März. Wie viel Überziehungszinsen muss Julia zahlen, wenn die Bank 10,5% im Jahr berechnet?

Pyramiden

1 Berechne die fehlenden Strecken. Runde die Ergebnisse auf Millimeter.

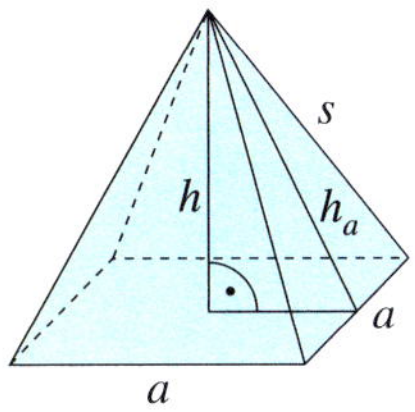

	a	s	h	h_a
a)	6 cm	12 cm		
b)			10,2 cm	12,9 cm
c)		11,4 cm		9,9 cm
d)	15 cm			28 cm

2 Berechne das Volumen der geraden Pyramide aus den Angaben zur Grundfläche und der gegebenen Körperhöhe.

a) Die Grundfläche ist ein Quadrat mit $a = 4{,}3$ m. Die Körperhöhe ist $h = 2{,}5$ m.

b) Die Grundfläche ist ein Rechteck mit $a = 1{,}9$ dm und $b = 18$ cm. Die Körperhöhe ist $h = 2{,}2$ dm.

c) Die Grundfläche ist ein rechtwinkliges Dreieck mit $\alpha = 90°$, $c = 10$ cm, $b = 8$ cm. Die Körperhöhe ist $h = 12$ cm.

3 Berechne den Mantel- und den Oberflächeninhalt einer quadratischen Pyramide mit Grundkante a, Seitenkante s, Körperhöhe h und Seitenhöhe h_a.

a) $a = 8{,}9$ cm; $h_a = 15{,}2$ cm

b) $a = 14{,}4$ m; $s = 16{,}8$ m

c) $h = 12$ cm; $h_a = 19$ cm

d) $h_a = 8$ cm; $s = 12{,}81$ cm

4 Eine gerade Pyramide hat eine rechteckige Grundfläche. Berechne die fehlende Größe.

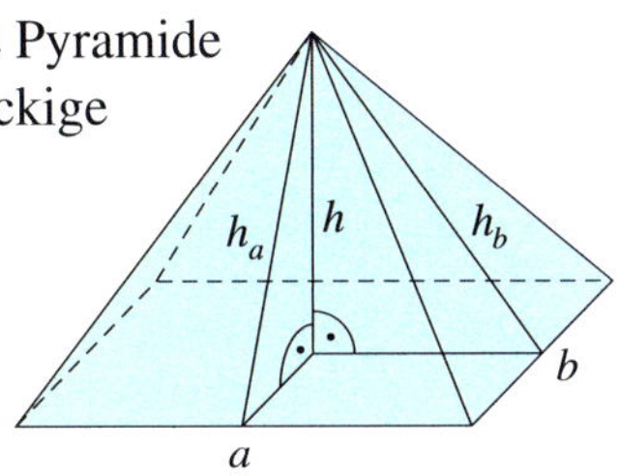

	a	b	h	V
a)	58 mm	93 mm	26 mm	
b)	125 cm	244 cm		140 000 cm³
c)		12 m	12 m	600 m³
d)	138 dm		167 dm	625 824 dm³

5 Berechne neben den jeweils fehlenden Werten einer quadratischen Pyramide auch deren Mantel- und Oberflächeninhalt A_M und A_O sowie das Volumen V.

a) $a = 8$ cm; $s = 10$ m

b) $h = 14$ m; $h_a = 21$ m

c) $s = 24$ m; $h_a = 18$ m

d) $a = 12$ m; $h_a = 20$ m

6 Eine quadratische Pyramide ist 15 cm hoch. Ihre Grundkante ist 12 cm lang.

a) Berechne die Mantelfläche der Pyramide.

b) Schneidet man diese Pyramide in halber Höhe parallel zur Grundfläche durch, entsteht eine kleine quadratische Pyramide und ein Pyramidenstumpf.
Berechne die Mantelfläche der kleinen Pyramide.

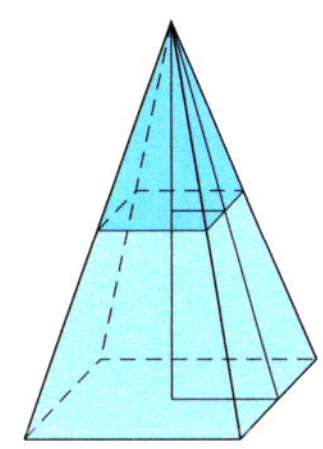

7 Ein Turmdach ist pyramidenförmig mit quadratischer Grundfläche. Das Dach soll mit Kupferplatten neu gedeckt werden. Die Grundkanten des Dachs sind 4,8 m lang. Die Höhe jedes Seitendreiecks beträgt 3,6 m.
Wie viel Quadratmeter Kupferblech sind erforderlich, wenn mit 4 % Verschnitt gerechnet wird?

8 Eine quadratische Pyramide hat die Grundkantenlänge $a = 20$ cm und die Höhe $h = 30$ cm.

a) Durch einen Schnitt parallel zur Grundfläche in einer Höhe von 18 cm wird diese Pyramide geteilt.
Berechne das Volumen der abgetrennten Pyramide.

b) Es soll die Pyramide durch einen Schnitt parallel zur Grundfläche so geteilt werden, dass die Höhe halbiert wird.
Bestimme durch eine Rechnung, ob beide Körper auch das gleiche Volumen besitzen.

Vorbereitung für die Vergleichsarbeit

HINWEIS
Bei der Vergleichsarbeit stehen die Aufgaben in einem Heft, in das auch die Lösungen eingetragen werden.
Bitte schreibe aber beim Lösen der Übungsaufgaben nicht ins Schulbuch.

Was sind Vergleichsarbeiten?
In Brandenburg gibt es zentrale Vergleichsarbeiten in den Fächern Mathematik sowie – bisher auf freiwilliger Basis – in Deutsch, Englisch bzw. Französisch. Alle Klassen bearbeiten die gleichen Aufgaben, die sich auf alle bisher behandelten Themenbereiche beziehen können.
In Mathematik steht neben den inhaltlichen Bereichen (Zahl, Messen, Raum und Form, Funktionaler Zusammenhang, Daten und Zufall) ein besonderer Schwerpunkt der so genannten „prozessbezogenen Kompetenzen“ im Mittelpunkt der Vergleichsarbeit. Das kann zum Beispiel das Modellieren, das Problemlösen, das Argumentieren oder die Nutzung von Werkzeugen sein.

Wozu gibt es Vergleichsarbeiten?
Durch die Vergleichsarbeiten kann man feststellen, welche Lernergebnisse in einer Lerngruppe erreicht wurden und wie eine Lerngruppe im Vergleich zu anderen Lerngruppen der Schule oder anderen vergleichbaren Schulen abgeschnitten hat. Die Mathematiklehrkräfte können in der Auswertung erkennen, in welchen Bereichen ihre Klassen noch Förderung benötigen.
Die Vergleichsarbeiten bereiten auch auf die zentrale Prüfung in Klasse 10 vor, da sie vergleichbare Aufgabentypen und gleiche Prüfungsbedingungen bieten.

Wie kann man sich auf Vergleichsarbeiten vorbereiten?
Auf den folgenden Seiten gibt es Aufgabentypen, die ähnlich auch in der Vergleichsarbeit vorkommen. In der Tabelle unten kann man ablesen, welchen Schwerpunkten die Aufgaben zuzuordnen sind. Die Aufgaben sollten zur Vorbereitung auf die Lernstandserhebungen selbstständig bearbeitet werden.

Zuordnung der Übungsaufgaben zu inhaltlichen und prozessbezogenen Kompetenzen

Prozessbezogene Kompetenzen / Inhaltliche Kompetenzen	Modellieren	Problemlösen	Argumentieren, Kommunizieren	Werkzeuge
Zahl	8	1	2	14, 30
Messen	7	6	18	21
Funktionaler Zusammenhang	4, 13, 15, 19, 20	5, 9, 22	3, 28	19
Geometrie	12, 25	6, 10, 23, 26, 29	16, 18, 23	6, 17, 18, 21, 29
Daten und Zufall	7	11, 31	24	27

1 Mit Zahlen jonglieren
In den folgenden Aufgaben sollst du die Ziffern 3, 4, 5 und 6 jeweils genau einmal in ein Kästchen einsetzen, sodass die angegebenen Bedingungen erfüllt sind.

a) Das Produkt der Zahlen soll möglichst groß sein: □□ · □□

b) Das Produkt der Zahlen soll möglichst klein sein: □□ · □□

c) Der Wert des Terms □ · (□ + □ · □) soll möglichst groß sein.

2 Runden
Im Jahr 2008 gab es in Deutschland rund 8 796 000 Schülerinnen und Schüler.

a) Wie viele Schüler gab es 2008 höchstens, wenn auf Tausender gerundet wurde?

b) Lea sagt: „In einer Zeitung stand, dass es 8 795 460 Schülerinnen und Schüler gab." Was meinst du dazu?

c) Runde die Zahl 1 748 auf Hunderter.

d) Barbara schrieb beim Runden von 2 545 auf Hunderter: $2545 \approx 2550 \approx 2600$. Erläutere und bewerte ihren Lösungsweg.

3 Verlängerte Strecke
Eine Strecke wird zunächst um 30 % verlängert und anschließend wieder um 30 % gekürzt. Erhält man am Ende wieder die Länge der ursprünglichen Strecke? Begründe deine Antwort.

4 Zeitung lesen
In einer Zeitung steht: 20 % aller Brandenburger waren noch nie in Berlin.
Was bedeutet das? Notiere die Nummern der richtigen Aussagen in deinem Heft.

① Jeder zwanzigste Brandenburger war noch nie in Berlin.
② 20 Brandenburger waren noch nie in Berlin.
③ Von 5 befragten Brandenburgern war durchschnittlich einer noch nie in Berlin.
④ Von 20 befragten Brandenburgern war durchschnittlich eine Person noch nie in Berlin.
⑤ Jeder fünfte Brandenburger war noch nie in Berlin.

5 Preisvorteil
250 g Kartoffelchips kosten 1,80 €.
Nun plant der Hersteller eine neue Werbestrategie. Er hat zwei Ideen.
Strategie 1: Die Packungen erhalten 10 % mehr Inhalt bei gleichem Preis.
Strategie 2: Der Preis der Chips wird bei gleichem Packungsinhalt um 10 % reduziert.
Welche Strategie verspricht mehr Gewinn?

6 Dreiecke
Betrachte das abgebildete Dreieck

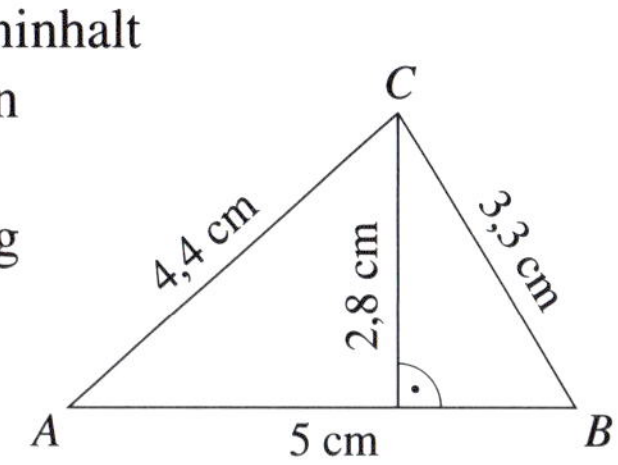

a) Gib den Flächeninhalt des abgebildeten Dreiecks an.

b) Gib den Umfang des abgebildeten Dreiecks an.

c) Zeichne ein Dreieck ABC mit der Seitenlänge $c = 4$ cm und den Winkeln $\alpha = 25°$ und $\beta = 67°$.

d) Ein anderes Dreieck hat einen Flächeninhalt von 60 cm².
Gib zwei mögliche Maße für die Länge von Grundseite und zugehöriger Höhe an.

e) Erkläre den Unterschied zwischen gleichseitigen und gleichschenkligen Dreiecken.

7 Berufstätigkeit bei Frauen
Bei einer Umfrage wurde festgestellt, dass von 17,3 Millionen berufstätigen Frauen 11,7 Millionen ihre Berufstätigkeit zwischenzeitlich unterbrochen oder sogar aufgegeben hatten.
Folgende Gründe wurden dafür angegeben:
37,7 % wegen Heirat
27,3 % wegen Schwangerschaft
5,2 % wegen Kinderbetreuung
4,7 % aus gesundheitlichen Gründen
2,3 % wegen Arbeitslosigkeit
2,1 % wegen Weiterbildung
19,7 % aus anderen Gründen

a) Wie viele Frauen haben aus den angegebenen Gründen ihren Beruf aufgegeben?

b) Stelle die Ergebnisse der Umfrage in einem Kreisdiagramm dar.

BEACHTE
Der Taschenrechner darf bei allen Übungsaufgaben und auch während der Vergleichsarbeiten verwendet werden.

HINWEIS
Bei den Vergleichsarbeiten wird ein Heft mit den Aufgaben ausgeteilt, in dem man bei Aufgaben wie Nr. 4 die richtigen Antworten ankreuzen kann.

ZUM WEITERARBEITEN

In Aufgabe 9 könnte sich nach der Rückkehr von Marie nach Deutschland der Wechselkurs geändert haben. Der Kurs beträgt nun 1 € = 1,39 CAD. Wie viel Euro gibt es nun für 175 CAD? Ist die Wechselkursänderung für Marie günstig oder ungünstig? Erkläre.

8 Ein Viertel von x

Wie kann „ein Viertel der Zahl x“ geschrieben werden? Übertrage alle passenden Möglichkeiten in dein Heft.

① $x - 4$	② $\frac{1}{4} \cdot x$	③ $x - 0{,}75x$
④ $x : \frac{1}{4}$	⑤ $x : 4$	⑥ 25 % von x
⑦ $x - \frac{1}{4}$	⑧ $\frac{1}{2}x : 2$	⑨ $\frac{1}{8}x \cdot 2$

9 Wechselkurse

Marie reist nach Kanada. Vor dem Abflug tauscht sie Geld. Der Wechselkurs ist 1 € = 1,42 kanadische Dollar (CAD).

a) Wie viel CAD erhält sie für 650 €?

b) Wie viel € erhält sie nach der Reise für ihre übrig gebliebenen 175 CAD?

10 Fußballstadion

Ein Fußballfeld für Länderspiele ist 105 m lang und 68 m breit. Beim Endspiel der WM 2006 waren 73 000 Zuschauer im Stadion. Hätten alle Menschen bequem nebeneinander auf dem Rasen stehen können? Begründe deine Antwort.

11 Bundesjugendspiele

Bei den Bundesjugendspielen erreichten die Mädchen der Klassen 9 a und 9 b folgende Punktzahlen:

9 a: 1 014, 902, 1 204, 782, 1 154, 850, 1 052, 635, 1 084, 853

9 b: 1 104, 964, 1 002, 580, 1 152, 1 278, 920, 815, 1 095

a) Bestimme für beide Klassen die durchschnittliche Punktzahl.

b) Bestimme jeweils den Median (Zentralwert) für die beiden Klassen.

12 Parallelogramm

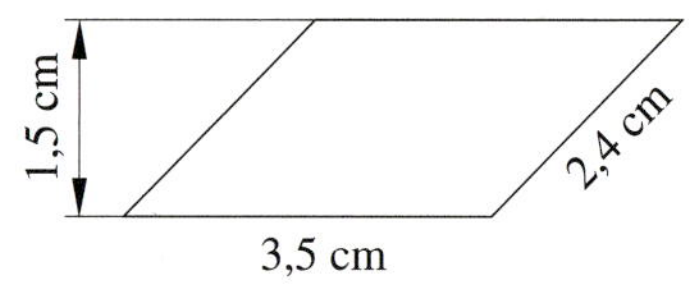

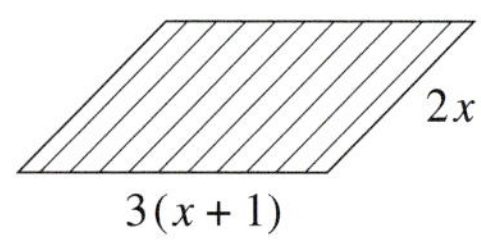

a) Berechne den Flächeninhalt des oberen Parallelogramms und gib seinen Umfang an.

b) Gib einen Term an, mit dem man den Umfang des unteren (schraffierten) Parallelogramms bestimmen kann. Vereinfache den Term so weit wie möglich.

13 Strom

Ein Elektrizitätswerk verlangt für die Stromlieferung einen Grundbetrag von 48 € pro Jahr und 0,16 € für jede verbrauchte Kilowattstunde (kWh).

a) Herr Brett verbrauchte im letzten Jahr 2 250 kWh. Wie hoch war seine Stromrechnung?

b) Familie Sonnenberger musste für Strom 360 € zahlen. Wie viele kWh hat sie verbraucht?

c) Welcher der drei Graphen veranschaulicht den Zusammenhang zwischen verbrauchten Kilowattstunden und Preis?

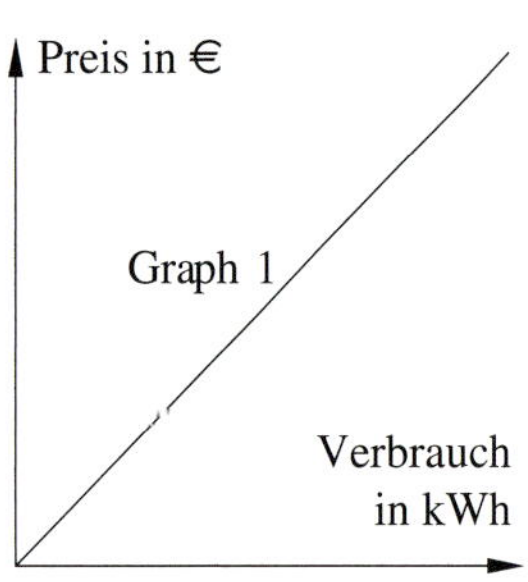

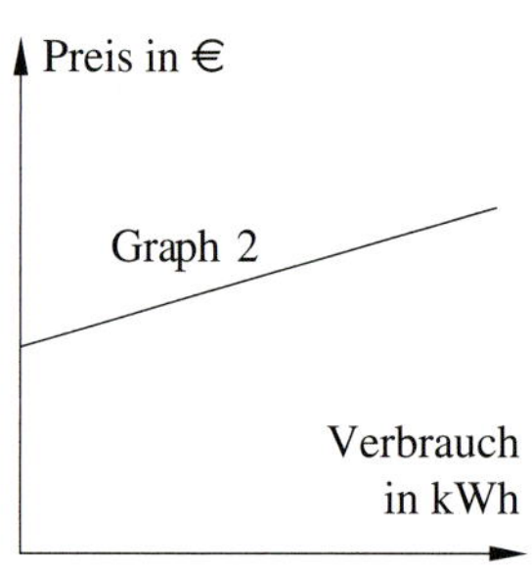

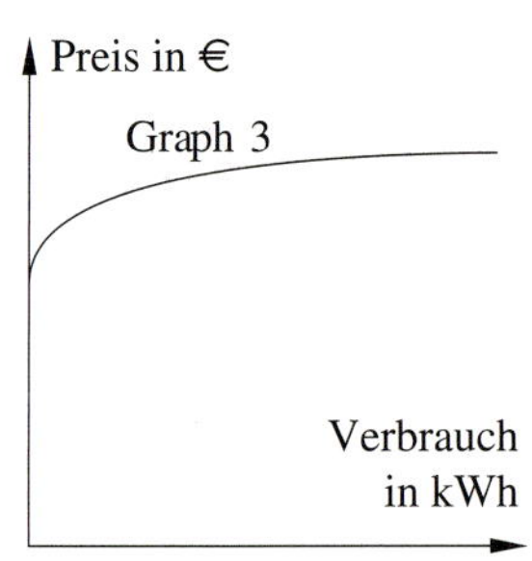

14 Handyrechnung

Carina hat mit einem Tabellenkalkulationsprogramm errechnet, welche Handykosten in diesem Monat auf sie zukommen. Ihr Tabellenblatt ist in Spalten (A; B; C; …) und Zeilen (1; 2; 3; …) aufgeteilt. Die Felder heißen Zellen, z. B. **A4** oder **B5**. Die Zahlenwerte der Zellen können durch mathematische Formeln miteinander verknüpft werden.

	A	B	C	D	E
1		Preis pro Einheit in €	Anzahl	Gesamtpreis in €	
2	Grundgebühr	-	-	1,95	
3	Verbindungen ins Festnetz	0,29	25	7,25	
4	Verbindungen netzintern	0,29	40	=B4*C4	
5	Verbindungen in andere Mobilfunknetze	0,39	20	7,80	
6	SMS	0,19	35	6,65	
7	MMS	0,39	5		
8			Gesamt: brutto	37,20	
9		darin	19 % MwSt.	7,07	
10			Gesamt: netto	30,13	
11					

a) In Zelle **D4** steht die Formel **=B4*C4**. Welcher Zahlenwert ergibt sich in der Zelle?
b) In Zelle **D7** fehlt eine Formel. Wie lautet die entsprechende Formel?
c) Notiere eine Formel zur Berechnung des Gesamtbruttobetrags in Zelle **D8**.
d) Mit welcher der Formeln kann die Mehrwertsteuer (MwSt.) in Zelle **D9** berechnet werden? Übertrage die passende Formel in dein Heft.
① **=D8*(19/119)** ② **=(D8/100)*19** ③ **=(D2+D3+D4+D5+D6+D7)*0,19**

15 Taxi

Die Städte und Gemeinden legen jeweils ihre Taxitarife fest.

Taxitarif A-Stadt	
Grundgebühr	2,30 €
Tarif 1 (pro km) werktags von 6–22 Uhr Tarif 2 (in km) werktags von 22–6 Uhr Sonn- und Feiertags	1,30 € 1,40 €

Taxitarif B-Stadt	Tag (6–22 Uhr)	Nacht (22–6 Uhr) Sonn- und Feiertage
Grundgebühr	2,20 €	2,20 €
Preise je km		
– bis 5 km	1,45 €	1,55 €
– jeder weitere km	1,30 €	1,40 €

Ⓐ
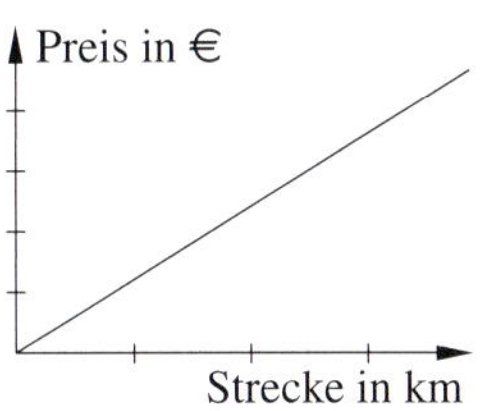

Ⓑ
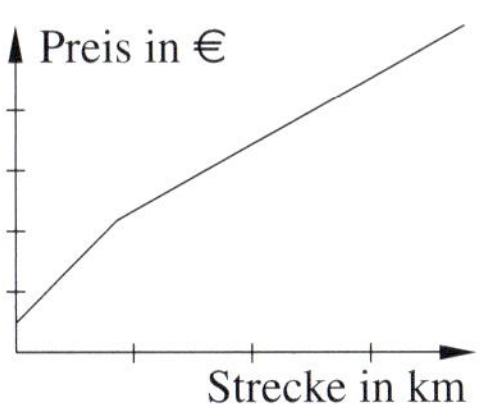

Ⓒ
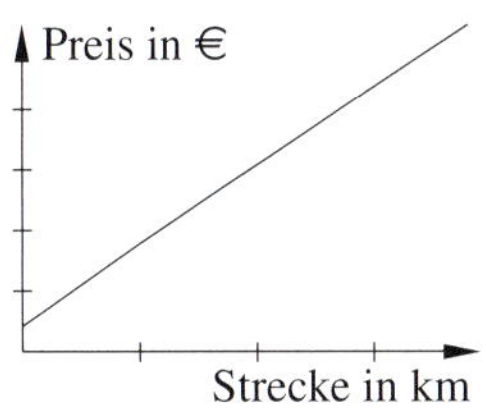

Ⓓ
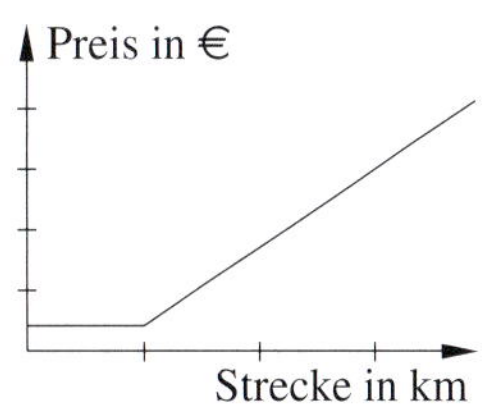

a) Wie viel Euro kostet eine 12 km lange Taxifahrt am Montagnachmittag in A-Stadt?
b) Herr Pecht hat nur noch 20 €. Wie weit kann er in A-Stadt mit einem Taxi am Wochenende fahren?
c) Vergleiche die Kosten für eine Taxifahrt von 8 km in A-Stadt und in B-Stadt an einem Mittwochvormittag.
d) Welche der Graphen passen zu den Werktagstarifen (6–22 Uhr) in A-Stadt und in B-Stadt?
e) Beschreibe die Tarife, die zu den nicht bei d) ausgewählten Graphen gehören.
f) Warum kosten wohl die Fahrten nachts mehr als die Fahrten tagsüber? Die erbrachte Leistung ist doch die gleiche.

16 Aussagen über Dreiecke und Vierecke

Entscheide, ob die Aussagen wahr oder falsch sind. Begründe deine Entscheidung.

a) Es gibt ein Dreieck mit zwei stumpfen Innenwinkeln.
b) Alle vier Innenwinkel in einem Trapez können spitze Winkel sein.
c) Wenn ein Viereck ein Quadrat ist, dann ist es auch ein Parallelogramm.
d) Ein Quadrat besitzt genau 4 Symmetrieachsen.
e) Jede Raute ist ein Quadrat.
f) Wenn ein Dreieck gleichseitig ist, dann hat es genau drei Symmetrieachsen.
g) Jeder Drachen ist eine Raute (Rhombus).

17 Zeichne ein Herz

Die Zeichnungen zeigen dir, wie du ein Herz mit Zirkel und Geodreieck zeichnen kannst. Beachte: M_1 und M_2 sind die Mittelpunkte der Strecken $\overline{AD}$ bzw. $\overline{CD}$.

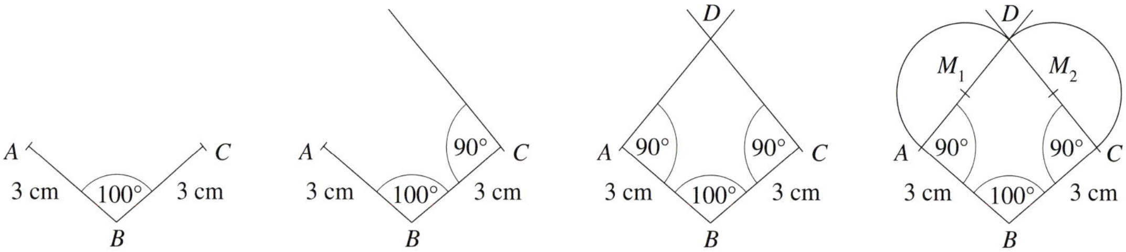

a) Konstruiere das Herz wie gezeigt.
b) Wie groß ist der Winkel $\delta = \sphericalangle ADC$?
c) Nenne mindestens drei Eigenschaften des Vierecks $ABCD$.
d) Welche Form hat das Viereck $ABCD$, wenn $\beta = 90°$ ist? Begründe.
e) Wie groß darf der Winkel β maximal sein, damit die Konstruktion durchführbar ist?

18 Dreiecke

Mit einer dynamischen Geometriesoftware wurde ein Dreieck A_1BC gezeichnet. Anschließend wurde der Punkt A_1 durch den Zugmodus auf der Geraden g bewegt und die neu entstandenen Dreiecke ergänzt. Die Punkte B und C bleiben unbewegt. $g \parallel \overline{BC}$

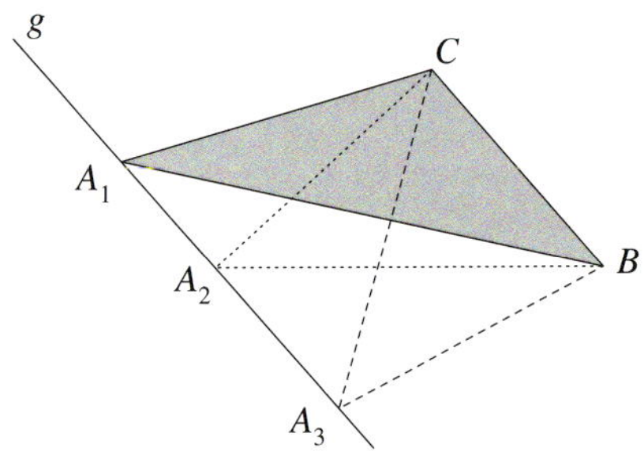

a) Überprüfe die folgenden Aussagen. Gib an, ob sie wahr oder falsch sind.
① A_1BC ist ein spitzwinkliges Dreieck.
② A_2BC ist ein rechtwinkliges Dreieck.
③ A_3BC ist ein spitzwinkliges Dreieck.
④ A_1A_3B ist ein stumpfwinkliges Dreieck.
⑤ A_2BC ist ein gleichschenkliges Dreieck.
b) Übertrage die Figur in dein Heft und zeichne einen weiteren Punkt A_4 auf der Geraden ein, sodass bei Verbinden mit B und C ein stumpfwinkliges Dreieck entsteht.
c) Zeichne einen Punkt A_5 auf der Geraden ein, sodass bei Verbinden mit B und C ein rechtwinkliges Dreieck entsteht.
d) Linda behauptet: „Alle eingezeichneten Dreiecke haben den gleichen Flächeninhalt.“ Überprüfe, ob sie Recht hat und begründe deinen Standpunkt.
e) Beschreibe, wie man einen Punkt X auf der Geraden g findet, sodass das Dreieck XBC gleichschenklig ist. Wie viele Dreiecke dieser Art gibt es?

19 Wanderung

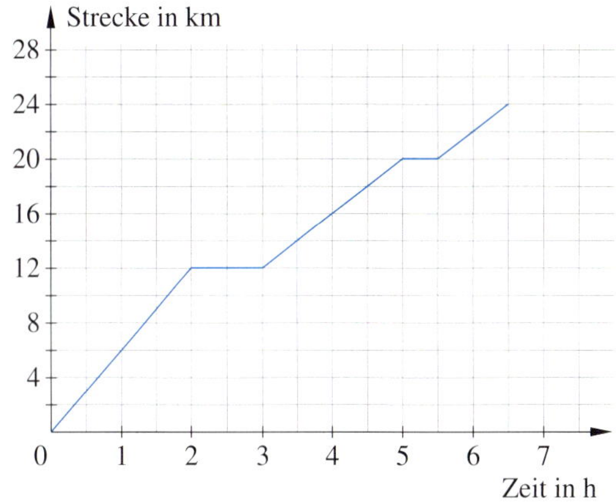

Das Diagramm beschreibt den Verlauf einer Wanderung von Herrn Wiechert.

a) Wie lange dauerte die erste Pause?
b) Wie viele Stunden ist er insgesamt gelaufen?
c) Wie viele Kilometer ist Herr Wiechert gewandert?
d) Mit welcher Geschwindigkeit wanderte Herr Wiechert in den ersten beiden Stunden?
e) Zeichne das Diagramm mit dem Verlauf der Wanderung von Herrn Wiechert ab und ergänze den Verlauf der Wanderung von Frau Schmidt. Frau Schmidt wanderte eine halbe Stunde später los als Herr Wiechert. In den ersten $2\frac{1}{2}$ Stunden legte sie 10 km zurück. Danach legte sie eine halbstündige Pause ein. Nach der Pause wanderte sie mit einer Geschwindigkeit von 5 km pro Stunde weiter.
f) Wann erreicht Frau Schmidt das Ziel, wenn sie um 9:30 Uhr aufgebrochen ist?
g) Herr Wiechert brach um 9.00 Uhr auf.
Wann begegnen sich Herr Wiechert und Frau Schmidt?

20 Ausverkauf

a) Ein Sweatshirt kostet 49 €. Der Preis wird um 35 % gesenkt. Wie viel Euro kostet das Sweatshirt danach?
b) Der Preis einer Jacke wird im Ausverkauf um 20 % gesenkt. Man spart dadurch 24 €. Was kostete die Jacke vorher?
c) Eine Jeans kostet im Ausverkauf 42 €. Zuvor waren es 60 €. Um wie viel Prozent wurde der Preis reduziert?
d) Ein Händler senkt seine Preise am 1. Februar um 20 %. Am 15. Februar erhöht er die Preise um 20 %.
Dana kauft am 20. Februar eine Jacke. Ihre Mutter meint: „Du hättest die Jacke im Januar preiswerter bekommen können.“
Hat die Mutter Recht? Begründe.

21 Figuren im Koordinatensystem

Zeichne die Punkte $A(-1\,|\,1)$, $B(2\,|\,-1)$, $C(3\,|\,1)$, $D(1{,}5\,|\,5)$ und $E(0\,|\,1)$ in ein Koordinatensystem, in dem 1 Längeneinheit 1 cm lang ist. Verbinde die Punkte in alphabetischer Reihenfolge und den Punkt E mit dem Punkt A.

a) Miss die Innenwinkel der Figur.
b) Berechne den Flächeninhalt der Figur.
c) Berechne den Umfang der Figur.
d) Gib zwei Eigenschaften des Dreiecks CDE an.

22 Spaghetti Bolognese

Gib an, wie viel von jeder Zutat benötigt wird, wenn das Essen für sieben Personen zubereitet werden soll.

Spaghetti Bolognese
(für 4 Personen)

Zutaten:
500 g Spaghetti
300 g Hackfleisch
¼ Liter Wasser
400 g pürierte Tomaten
2 Zwiebeln
Salz, Pfeffer, Kräuter

23 Krummlinige Figur

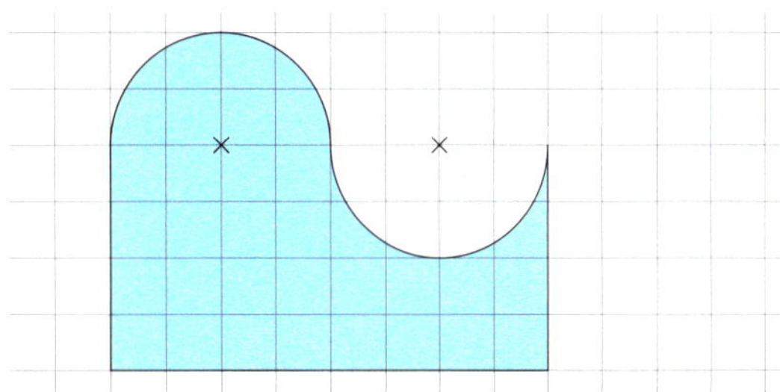

a) Bestimme den Flächeninhalt der abgebildeten Figur. Erläutere deine Vorgehensweise. (2 Kästchenlängen = 1 cm)
b) Schätze den Umfang der Figur in Zentimetern. Beschreibe deine Strategie.

24 Basketball

Der Trainer einer Basketballmannschaft hat notiert, wie häufig seine Spieler während der letzten zehn Spiele auf den Korb geworfen und wie oft sie ihn getroffen haben.

Spieler	Anzahl der Würfe	Anzahl der Treffer
Marcel	48	30
Timo	5	2
Eike	50	12
Jens	64	24
Kim	20	4
Simon	45	25
Florian	16	2

a) Berechne für jeden Spieler den Anteil der Treffer an allen Würfeln.

b) Welcher Spieler besitzt die höchste Treffsicherheit?

c) Begründe, warum man über die Treffsicherheit von Timo keine zuverlässigen Aussagen machen kann.

25 Betonlieferung

Ein Mischwerk wird mit der Lieferung von Beton für die Bodenplatten von 14 Häusern beauftragt. Jede quaderförmige Betonbodenplatte ist 12 m lang, 7,50 m breit und 30 cm hoch. Der Beton soll mit acht Spezialfahrzeugen, von denen jedes 5 m^3 Beton transportieren kann, erfolgen.

a) Wie viel Kubikmeter Beton wird für eine Betonplatte benötigt?

b) Wie oft fährt jedes Fahrzeug, bis der gesamte Beton transportiert ist?

c) Zwei der Spezialfahrzeuge fallen wegen eines Motorschadens aus, als noch 300 m^3 Beton zu transportieren sind.
Wie oft fährt jedes der verbliebenen Spezialfahrzeuge insgesamt?

26 Schokoladenverpackung

Eine Schokoladenverpackung hat die Form eines Prismas, dessen Grundfläche ein gleichseitiges Dreieck ist.

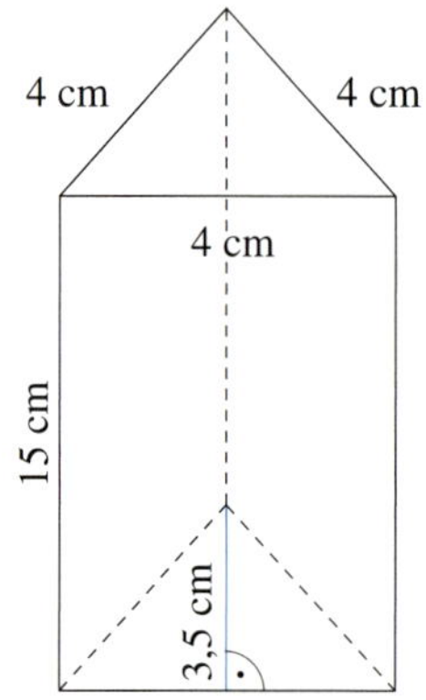

a) Wie viel Karton benötigt man, um die abgebildete Verpackung herzustellen, wenn die Klebekanten nicht berücksichtigt werden?

b) Welche Seitenlängen muss ein Rechteck mindestens haben, damit man das Körpernetz des Prismas daraus herstellen kann?

c) Wie viel Prozent des Kartons ist Verschnitt, wenn eine Verpackung aus einem 264 cm^2 großen Rechteck gefertigt wird?

d) Berechne das Volumen einer Verpackung.

e) Wie verändert sich das Volumen, wenn man die Grundfläche beibehält und die Höhe der Verpackung verdoppelt?

27 Lieblingsballsportarten

Schülerinnen und Schüler der 8. Klassen wurden nach ihrer Lieblingsballsportart gefragt. Die Ergebnisse stehen in der Tabelle. Erstelle ein Säulendiagramm, das die Umfrageergebnisse veranschaulicht.

Lieblingsballsportart	Fußball	Basketball	Volleyball	Handball
absolute Häufigkeit	40	36	20	24

28 Geschwindigkeit

Wenn Frau Thomas auf der Autobahn von Krefeld nach München mit einer Durchschnittsgeschwindigkeit von 120 $\frac{km}{h}$ und ohne Pause fährt, beträgt ihre Fahrzeit $5\frac{1}{2}$ h.

a) Wie lange dauert die Fahrt von Krefeld nach München mit einer Durchschnittsgeschwindigkeit von 90 $\frac{km}{h}$?

b) Kann sie die Strecke Krefeld – München auch in 4 h zurücklegen?
Begründe.

29 Grundstücke

Die Zeichnung zeigt zwei Grundstücke.

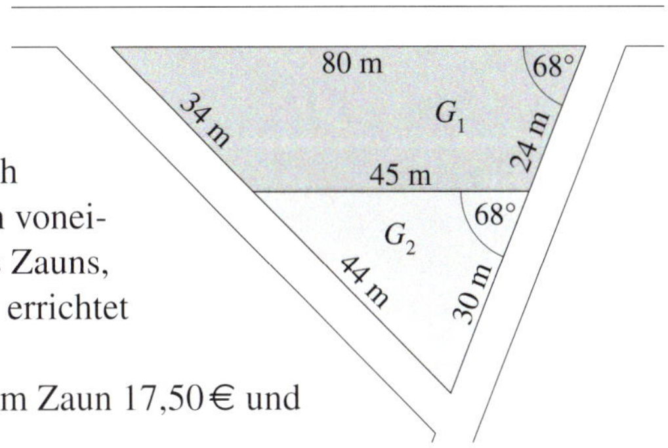

a) Die Grundstücke G_1 und G_2 sollen durch einen Zaun von der Straße getrennt werden. Zusätzlich werden die Grundstücke auch durch einen Zaun voneinander getrennt. Berechne die Gesamtlänge des Zauns, wenn auf jedem Grundstück ein 3 m breites Tor errichtet werden soll.

b) Berechne die Gesamtkosten des Zauns, wenn 1 m Zaun 17,50 € und ein Tor 527,95 € kosten.

c) Fertige eine Zeichnung im Maßstab 1 : 1 000 an.

d) Ist das Grundstück G_1 trapezförmig? Begründe deine Antwort mathematisch.

e) Berechne den Flächeninhalt der Grundstücke G_1 und G_2. Ermittle die benötigten zusätzlichen Maße aus deiner Zeichnung.

30 Gartenmöbel

Familie Neumann plant, für ihre Terrasse neue Möbel zu kaufen. Herr Neumann berechnet mit Hilfe einer Tabellenkalkulation die Ausgaben.

Angebot

Bei Kauf unserer Gartenmöbel gewähren wir 3 % Rabatt bei Barzahlung

2,5 % Aufschlag bei Ratenzahlung (12 Monate Laufzeit)

	A	B	C	D
1		**Anzahl**	**Preis pro Stück**	**Gesamtpreis**
2	**Stapelstühle**	4	39,90 €	159,60 €
3	**Hochlehnerstühle**	2	59,90 €	119,80 €
4	**Liegestühle**	2	70,90 €	141,80 €
5	**Tisch**	1	129,50 €	129,50 €
6	**Sonnenschirm**	1	75,80 €	75,80 €
7	**Summe**			
8				
9	**Barzahlung**	Rabatt	3%	18,80 €
10		Rechnungsbetrag		
11				
12	**Ratenzahlung**	Aufschlag	2,50%	15,66 €
13		Rechnungsbetrag		
14		Monatliche Rate		
15				
16	**Unterschied Barzahlung zu Ratenzahlung:**			
17				

a) Gib die Zahlenwerte für die Zellen **D7**, **D10**, **D13**, **D14** und **D16** an.

b) Mit welcher Formel wird der Gesamtpreis in Zelle **D2** berechnet?

c) Gib eine Formel für die Berechnung der Summe in Zelle **D7** an.

d) Bestätige durch eine Rechnung, dass der Rabatt bei Barzahlung 18,80 € beträgt.

e) Gib eine Formel für die Berechnung des Preisaufschlags in Zelle **D12** an.

f) Beschreibe, was mit den folgenden Formeln berechnet wird:
① **=D13/12** ② **=D12+D7** ③ **=D7-C9*D7** ④ **=B2*C2+B3*C3**

TIPP
Du solltest beim Kauf von Gartenmöbeln aus Holz darauf achten, dass sie nicht aus Raubbau, das heißt aus abgeholztem Urwald, entstehen. Mit dem FSC-Siegel wird Holz aus nachwachsendem Bestand markiert.

31 Spenden

Sarah und Patrick haben Spenden für ein Hilfsprojekt gesammelt. Die Tabelle zeigt, welche Spenden an den einzelnen Tagen erfolgten.

	Mo	Di	Mi	Do	Fr	Sa	So
Sarah	25 €	30 €	17 €	26 €	34 €	15 €	21 €
Patrick	31 €	24 €	10 €	21 €	29 €	41 €	?

a) Berechne das arithmetische Mittel und den Median von Sarahs Spendensammlung.

b) Wie viel € hätte Sarah am Freitag sammeln müssen, damit der Mittelwert und der Median übereinstimmen?

c) Patrick hat durchschnittlich 27 € pro Tag gesammelt. Wie viel sammelte er am Sonntag?

Methode: Strecken teilen

Unter Verwendung einer Figur mit zwei zueinander ähnlichen Dreiecken lässt sich mit Zirkel und Lineal eine Strecke in beliebig viele gleich lange Teilstrecken oder in beliebige Streckenverhältnisse exakt unterteilen.

1. Fall: Eine Strecke $\overline{AB} = 5{,}3\,\text{cm}$ soll in 5 gleiche Streckenabschnitte unterteilt werden.

Konstruktionsbeschreibung:

1. Zeichne $\overline{AB} = 5{,}3\,\text{cm}$.
2. Zeichne von A aus einen Hilfsstrahl.
3. Trage von A aus auf dem Hilfsstrahl fünf gleich lange Strecken mit den Endpunkten T_1, T_2, T_3, T_4, T_5 ab.
4. Verbinde T_5 mit dem Endpunkt der Strecke $\overline{AB}$.
5. Zeichne durch T_1, T_2, T_3 und T_4 Parallelen zu $\overline{T_5B}$.

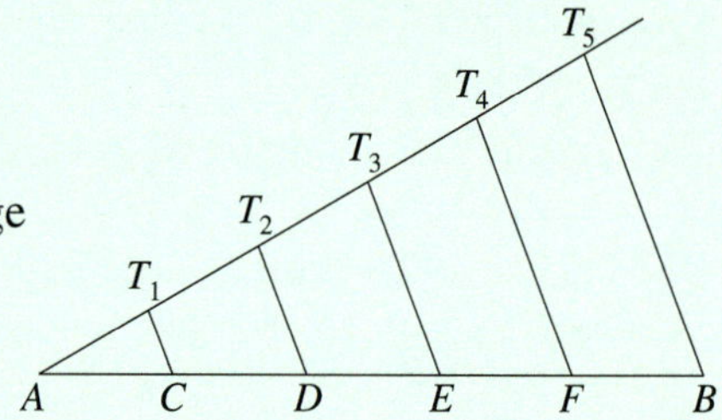

Die Punkte C, D, E, F teilen die Strecke $\overline{AB}$ in 5 gleiche Teile.

2. Fall: Eine Strecke $\overline{AB} = 5{,}5\,\text{cm}$ soll im Verhältnis 1 : 2 geteilt werden.

Konstruktionsbeschreibung:

1. Zeichne $\overline{AB} = 5{,}5\,\text{cm}$.
2. Zeichne von A aus einen Hilfsstrahl.
3. Trage auf dem Hilfsstrahl die Strecken $\overline{AT_1} = 1\,\text{cm}$ und $\overline{T_1T_2} = 2\,\text{cm}$ ab.
4. Verbinde T_2 mit dem Endpunkt der Strecke $\overline{AB}$.
5. Zeichne durch T_1 die Parallele zu $\overline{T_2B}$.

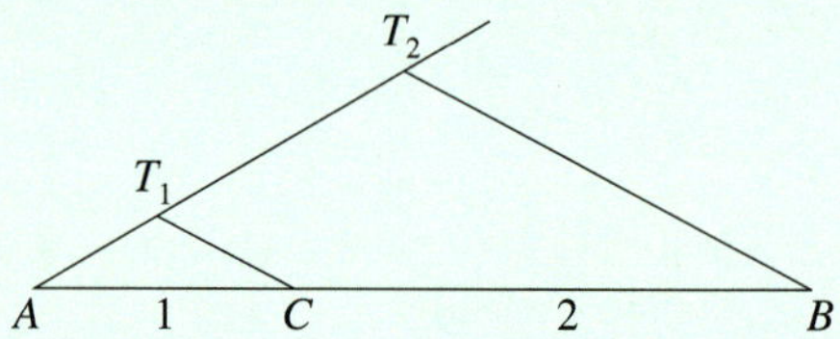

Der Punkt C teilt die Strecke $\overline{AB}$ im Verhältnis 1 : 2.

HINWEIS
Gleich lange Strecken kann man mit dem Zirkel sauber abtragen.

1 Gegeben ist die Strecke $\overline{AB} = 13\,\text{cm}$.

a) Teile $\overline{AB}$ mit Hilfe des 1. Falls oben in drei gleich große Abschnitte.

b) Wäre deine Streckeneinteilung genauer, wenn du sie mit dem Taschenrechner berechnet und dann gezeichnet hättest? Begründe.

2 Konstruiere ein Trapez, dessen Diagonalenschnittpunkt S die Diagonale $\overline{BD}$ im Verhältnis 5 : 3 teilt. Beschreibe, wie du vorgegangen bist.

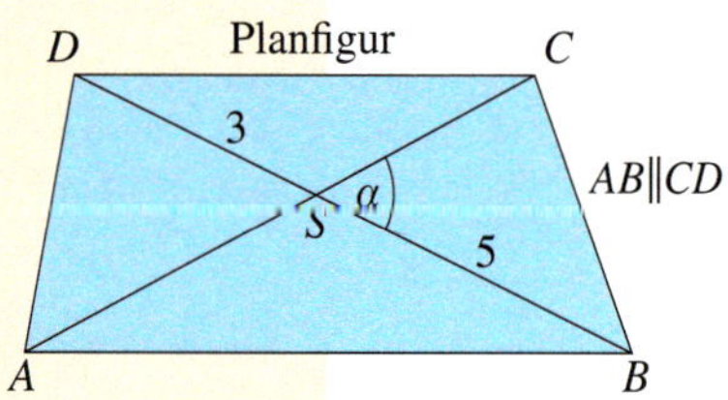

3 Teile die gegebenen Strecken.

a) Teile $\overline{AB} = 10\,\text{cm}$ in 7 gleiche Teile.

b) Teile $\overline{CD} = 8\,\text{cm}$ in 11 gleiche Teile.

c) Teile $\overline{EF} = 5{,}7\,\text{cm}$ in 4 gleiche Teile.

d) Teile $\overline{ZB} = 7{,}5\,\text{cm}$ in 9 gleiche Teile.

4 Eine Strecke $\overline{AB} = 11\,\text{cm}$ soll in folgenden Verhältnissen geteilt werden:
① 3 : 1 ② 1 : 3

a) Würdest du die Verhältnisse 1 : 3 und 3 : 1 unterscheiden oder nicht? Begründe.

b) Vergleiche die Verhältnisse beim Streckenabschnitt mit dem Größenverhältnis beim Maßstab. Wie unterscheiden sich dort die Verhältnisse 1 : 3 und 3 : 1?

Methode: Tabellenkalkulation mit dynamischer Formelsammlung

Tabellenkalkulationsprogramme können benutzt werden, um häufig vorkommende Berechnungen schneller durchführen zu können. Die gegebenen Werte können direkt eingegeben werden und die gesuchten Werte werden sofort berechnet.

	A	B	C	D	E	F	G	H	I	J	K	L	M
1													
2		**Prozentrechnung**											
3													
4	Gegeben: G =		1200		Gegeben: W =		125		Gegeben: G =		2500		
5		p =	4			p =	4			W =	120		
6	Gesucht: W =		48		Gesucht: G =		3125		Gesucht: p =		4,8		
7													

Zunächst muss ein neues **Tabellenblatt** in einer Mappe anlegt werden.
(Wähle dazu: **Datei öffnen → Neu** bzw. **Einfügen → Tabellenblatt**)
In die **Zellen** schreibt man, welche Werte gegeben sind und welche Größe man sucht.
(Achtung: Du solltest in die Zellen keine Einheiten schreiben.)
Für die Berechnung des gesuchten Wertes wird eine **Formel** in der **Eingabezeile** eingegeben. Beachte, dass eine Formel immer mit einem Gleichheitszeichen beginnen muss.
In die Zelle **C6** wurde die Formel **=C4*C5/100** eingegeben. Das bedeutet, dass die Zahl in der Zelle **C4** mit der Zahl in Zelle **C5** multipliziert und anschließend durch 100 dividiert wird. Wenn man nun in Zelle **C4** oder **C5** die Werte ändert, berechnet der Computer automatisch den Prozentwert in Zelle **C6** neu.

1 Erinnere dich an die Prozentrechnung.

a) Ergänze die Lücken.
Von den 160 Schülern eines 8. Jahrgangs besitzen 75 % einen MP3-Player. Das sind immerhin __ Schüler. 72 Schüler des Jahrgangs verfügen über einen Computer. Das sind __ %. Von den Jungen haben 34 einen eigenen Internetzugang. Das sind 40 % der insgesamt __ Jungen.

b) Erkläre die Begriffe Grundwert G, Prozentwert W und Prozentsatz p % und begründe die Formel $\frac{W}{G} = \frac{p}{100}$.

c) Stelle die Formel $\frac{W}{G} = \frac{p}{100}$ nach W, nach G und nach p um.

d) Welche Formeln müssen oben in das Tabellenkalkulationsblatt in die Zellen **G6** und **K6** eingetragen werden und warum?

e) Erstelle selbst ein Tabellenblatt und berechne damit die folgenden Aufgaben.

Grundwert	Prozentsatz	Prozentwert
1 200 €	4 %	
450 €		36 €
	8,5 %	30,60 €

2 In Deutschland beträgt die Mehrwertsteuer für viele Artikel 19 %. Mit dem folgenden Tabellenkalkulationsblatt kann man die Mehrwertsteuer und die Bruttopreise bzw. Nettopreise berechnen.

	A	B	C
1	**Mehrwertsteuer**		
2	Nettopreis	1.450,00 €	
3	Mehrwertsteuer (19%)	275,50 €	
4	Bruttopreis	1.725,50 €	
5			
6	Bruttopreis	1.800,00 €	
7	Mehrwertsteuer (19%)	287,39 €	
8	Nettopreis	1.512,61 €	

a) Bestätige durch eine Rechnung, dass die Mehrwertsteuer in Zelle **B3** den Wert 275,50 € hat.

b) Mit welcher Formel wird die Mehrwertsteuer in Zelle **B3** berechnet?

c) Gib die Formel für die Zelle **B4** an.

d) Welche der folgenden Formeln wird in Zelle **B8** benutzt? Begründe.
① **=B6*100/119** ② **=B7−19/100**
③ **=(B6/119)*19** ④ **=(B6/100)*19**

HINWEIS
Im Menüpunkt **Format → Zelle** *können die Zellen so formatiert werden, dass automatisch mit € gerechnet und gerundet wird* **(Zahlen → Währung → 2 Dezimalstellen)**.

Methode: Diagramme mit dem Computer erstellen

Säulendiagramm

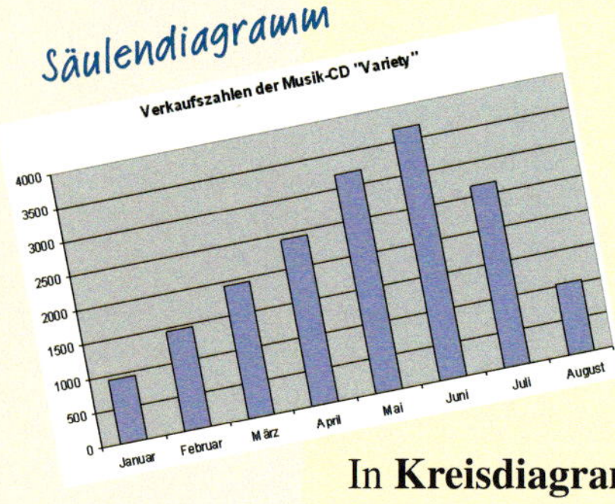

Welches Diagramm für welchen Zweck?

In Diagrammen werden Informationen bildlich dargestellt. **Säulendiagramme** sind die am häufigsten verwendeten Diagramme. Sie veranschaulichen Werte durch auf der x-Achse senkrecht stehende Rechtecke oder „Säulen“. Häufig stellt man mit ihnen zeitliche Entwicklungen dar.
In **Balkendiagrammen** werden die Daten durch waagerecht liegende Balken dargestellt. Sie eignen sich besonders zur Veranschaulichung von Rangfolgen.
In **Kreisdiagrammen** werden die Daten durch Anteile am Kreis dargestellt. Sie werden in der Regel verwendet, um Verteilungen oder Anteile darzustellen.
Liniendiagramme eignen sich besonders zur Darstellung von zeitlichen Entwicklungen mehrerer Daten zugleich.

Kreisdiagramm

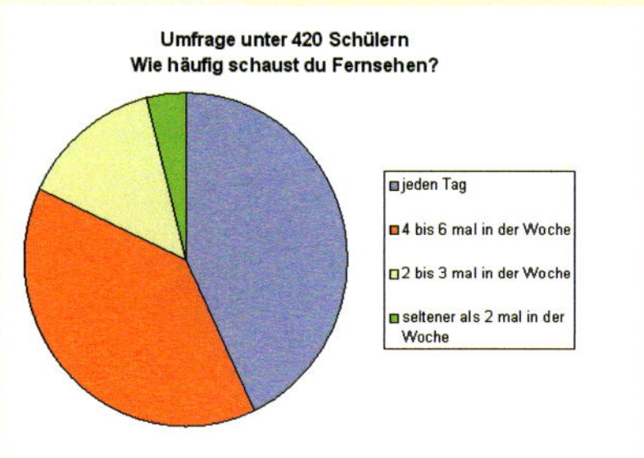

Balkendiagramm

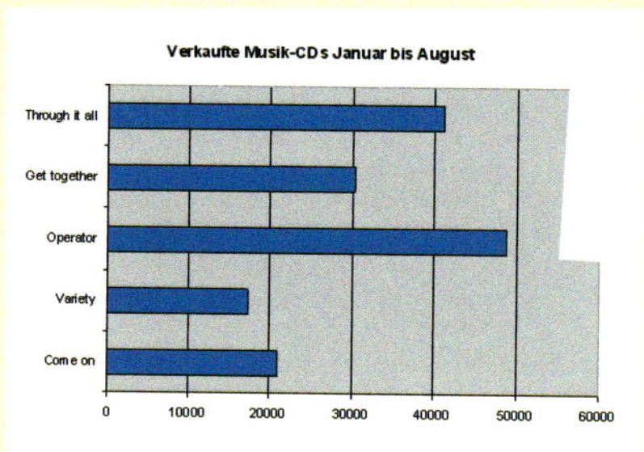

Liniendiagramm

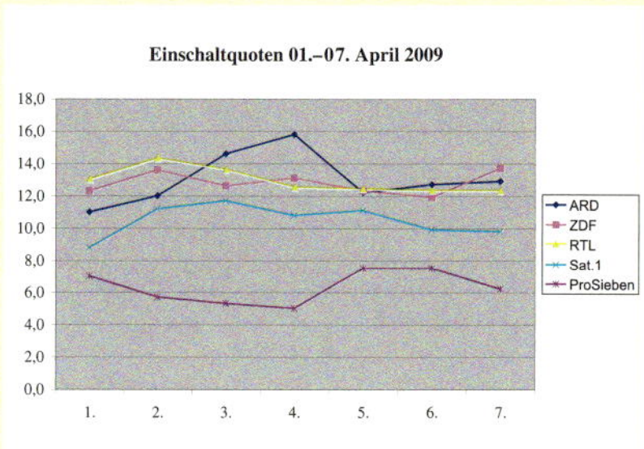

Daten eingeben

Die Daten zur Diagrammerstellung werden in eine Tabelle eingegeben. Mit der Maus können die Daten markiert werden.
Im Menü „Einfügen“ wählt man den Punkt „Diagramm“. Es öffnet sich ein Dialogfenster, in dem verschiedene Entscheidungen getroffen werden können.

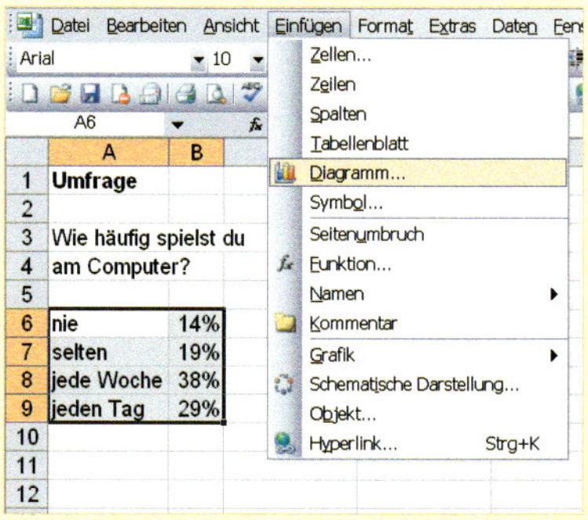

Diagramm erstellen

Als erstes wird die Art des gewünschten Diagramms gewählt. Es können nun weitere Einstellungen bearbeitet werden. Man kann zum Beispiel einen Diagrammtitel eingeben, die Anzeige von Legende und Achsenbeschriftungen bestimmen und schließlich mit einem Klick auf die Schaltfläche „Fertig stellen“ das Diagramm erzeugen lassen.

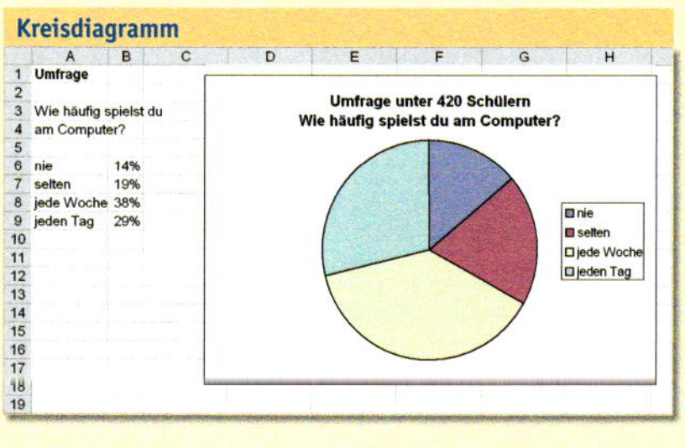

Methode: In Klassen einteilen

Die Klasse 8 a hat eine Umfrage zur Körpergröße durchgeführt. Die Auswertung gestaltet sich schwierig, da viele verschiedene Zahlen auftreten. Deshalb ist es günstig, mehrere Zahlen zu **Klassen** zusammenzufassen.

Für die Anzahl der zu bildenden Klassen gibt es keine feste Regel. Man muss überlegen, welche Klasseneinteilung für die Auswertung sinnvoll ist.
Eine Zahl darf nur zu einer Klasse gehören.

Die Klasse 8 a hat sich für die folgende Einteilung entschieden und eine Strichliste mit Häufigkeitstabelle angelegt.

Größe	Strichliste	Häufigkeit
140–149	||	2
150–159	||||	4
160–169	𝍸 𝍸 |	11
170–179	𝍸 ||	7
180–189	|||	3

1 Erklärt mit eigenen Worten, warum es bei manchen Daten günstig ist, diese in Klassen zusammenzufassen.
Worauf muss man bei der Einteilung in Klassen achten?

2 Fertige nach euren Ergebnissen eine Strichliste und Häufigkeitstabelle an für die Zeit, die ihr für den Schulweg benötigt.
Überlege dir vorher, wie du die einzelnen Werte sinnvoll zusammenfassen kannst.

3 Timo hat eine Strichliste mit Häufigkeitstabelle zu den Körpergrößen angefertigt. Sie ist fehlerhaft.

Größe	Strichliste	Häufigkeit
164–169	𝍸 |	6
150–164	𝍸 𝍸 𝍸	15
170–177	𝍸 |	6
140–150	|||	3
139	|	1

a) Erkläre und begründe, warum die Tabelle fehlerhaft angelegt ist.
b) Worauf musst du beim Erstellen von Häufigkeitstabellen achten?

4 Carla behauptet, dass der Notenspiegel einer Klassenarbeit genau wie eine Häufigkeitstabelle sei.
Hat sie mit ihrer Meinung Recht?

5 In der Randspalte befinden sich Daten zur täglichen Arbeitszeit für Hausaufgaben und Lernen für die Schule.
a) Berechne das arithmetische Mittel.
b) Ermittle den Zentralwert.
c) Unterscheide das arithmetische Mittel und den Zentralwert voneinander.
Welcher Wert ist bei dieser Datenreihe aussagekräftiger und warum?

6 Hier siehst du zwei Zeitungsüberschriften:

Arme Ärzte
Klinikärzte verdienen durchschnittlich nur 1 978 € im Monat.

Arzt müsste man sein!
Das durchschnittliche Jahresgehalt eines Klinikarztes liegt bei fast 40 000 €.

a) Vergleiche die beiden Angaben.
b) Wie konnte der Unterschied zwischen den Artikeln zustande kommen, wenn beide Journalisten auf die gleiche Datenquelle zurückgegriffen haben?
c) Gib eine Datenreihe mit mindestens fünf Einkommensangaben an, die die Journalisten genutzt haben könnten.
Erkläre, wie du vorgegangen bist.

HINWEIS
Daten zu Aufgabe 5:
Milena 30 min
Özge 40 min
Steffen 60 min
Sabrina 35 min
Selim 60 min
Markus 50 min
Hanno 75 min
Tina 150 min
Karo 30 min
Nick 40 min
Erik 30 min

1 Berechne das Kapital der Ratensparpläne. Nutze ein Tabellenblatt.

	Jährliche Einzahlung	Zinssatz	Laufzeit
a)	200 €	2,3 %	5 Jahre
b)	500 €	1,8 %	3 Jahre
c)	1 000 €	3,25 %	10 Jahre
d)	1 200 €	4,5 %	18 Jahre

2 Bernds Mutter hört Silvester mit dem Rauchen auf und spart das Geld für die Zigaretten (5 € am Tag). Am Ende des Jahres legt sie das Geld mit 2,75 % an.
Wie viel Geld hat sie nach 10 Jahren gespart?

3 Lisa hat zur Konfirmation 1 500 € geschenkt bekommen. Sie möchte das Geld drei Jahre lang gewinnbringend anlegen, um ihren Führerschein damit zu finanzieren.

	Sparbuch	Sparbrief	Wachstumssparen	Stadtbank
1. Jahr	jährlich 2,3 % Zinsen	4,7 % Zinsen jährlich bei drei Jahren Laufzeit	3 %	5 %
2. Jahr			4,5 %	4,5 %
3. Jahr			5 %	3 %

Nutze ein Tabellenkalkulationsprogramm, um die beste Geldanlage zu ermitteln.

Methode: Modellieren

Modellieren heißt, einen Zusammenhang aus der realen Welt in mathematische Sprache zu übertragen. Dabei geht man in vier Schritten vor.

① **Mathematisieren**
Die Informationen aus einer Situation werden in einen mathematischen Zusammenhang gebracht, zum Beispiel als Term, Gleichung oder Zeichnung.
② **Lösen**
Der mathematische Zusammenhang wird bearbeitet, zum Beispiel wird ausgerechnet oder gemessen.
③ **Interpretieren**
Die Ergebnisse werden auf die Situation bezogen.
④ **Überprüfen und Bewerten**
Es wird überprüft, ob die Ergebnisse in der Situation sinnvoll sind und ob das Problem vollständig gelöst ist.

Im Schaubild sind die vier Schritte und ihr Bezug untereinander übersichtlich dargestellt.

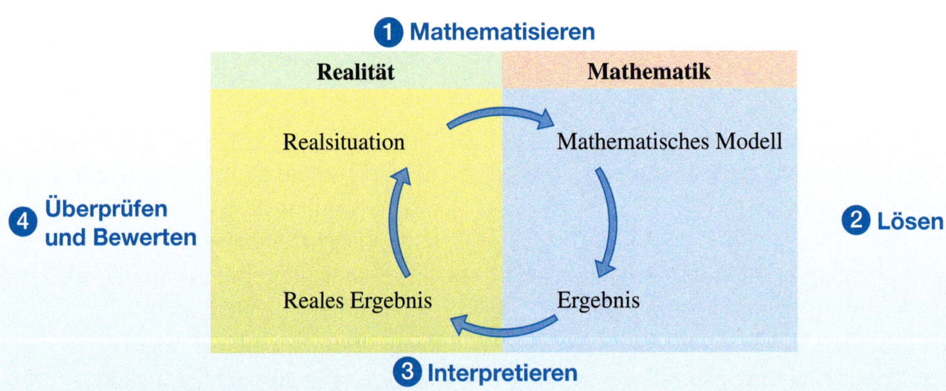

Methode: Einfache Gleichungen mit Potenzen lösen

Es gibt Gleichungen, in denen eine Variable mit einem Exponent vorkommt. Diese lassen sich ähnlich wie lineare Gleichungen lösen.

Bei den Äquivalenzumformungen können Variablen mit Exponenten zunächst wie gewöhnliche Variablen behandelt werden.

Um im letzten Schritt die Lösung zu erhalten, muss die Wurzel gezogen werden.

BEISPIEL

$3x^2 - 9 = 498 \quad | +9$

$3x^2 = 507 \quad | :3$

$x^2 = 169$

$x_1 = \sqrt{169} = 13$

$x_2 = -\sqrt{169} = -13$

Probe: $3 \cdot 4^2 - 9 = 498$

$3 \cdot (-4^2) - 9 = 498$

Gleichungen der Form $x^2 = a$ können keine Lösung ($a < 0$), eine Lösung ($a = 0$) und zwei Lösungen ($a > 0$) besitzen.

Gleichungen der Form $x^3 = a$ haben immer genau eine Lösung.

BEISPIEL

$x^3 = -125$

$x = -\sqrt[3]{125} = -5$, denn $(-5)^3 = -125$

1 Löse die Gleichung.

a) $x^2 = 16$ b) $x^2 = 121$
c) $2x^2 = 8$ d) $5x^2 = 125$
e) $-4x^2 = -324$ f) $8x^2 = -50$
g) $0{,}5x^2 = 18$ h) $-12x^2 = -5x^2$

2 Forme die Gleichung um und gib die Lösung an.

a) $x^2 - 6 = 75$ b) $x^2 - \frac{1}{4} = 90$
c) $5 - x^2 = 164$ d) $2x^2 + 1 = 51$
e) $\frac{1}{2}x^2 - 8 = -7{,}5$ f) $3x^2 + 6 = 7{,}08$
g) $5 + 0{,}2x^2 = 0$ h) $-2x^2 - 4 = -6{,}42$

3 Löse die Gleichung.

a) $x^3 = 125$ b) $x^3 = 512$
c) $x^3 = 512\,000$ d) $x^3 = -64$
e) $x^3 = -15\,625$ f) $x^3 = 46\,656$
g) $x^3 = 0{,}512$ h) $x^3 = -421\,875$

4 Gib die Lösung der Gleichung an.

a) $x^3 + 2 = 10$ b) $x^3 - 7 = 209$
c) $2x^3 = 250$ d) $6x^3 = -48$
e) $4x^3 - 5 = 88$ f) $4 - 2x^3 = -124$
g) $\frac{1}{4}x^3 + 2{,}5 = 65$ h) $5x^3 - 3{,}75 = -1\,870$
i) $8x^3 - 10{,}2 = 167$ j) $-0{,}2x^3 - 7{,}5 = 17{,}5$

5 Lässt man einen Stein von einem Turm fallen, so kann man anhand der Zeit bis zum Aufschlagen des Steins, annähernd die Turmhöhe bestimmen.
Berechne die Turmhöhe mit der Formel $s = 5t^2$ (s: Höhe in m, t: Zeit in s).

a) $t = 3$ s b) $t = 6{,}5$ s c) $t = 11$ s
d) $t = 0{,}9$ s e) $t = 1{,}8$ s f) $t = 2{,}4$ s

6 Kennt man die Höhe eines Turms, so kann man berechnen, wie lange ein Stein in etwa fällt.
Berechne mit der Formel die Fallzeit.
$t^2 = \frac{s}{5}$ (t: Zeit in s, s: Höhe in m).

a) $s = 20$ m b) $s = 85$ m c) $s = 250$ m
d) $s = 12$ m e) $s = 6{,}8$ m f) $s = 28{,}6$ m

7 Das Volumen des rot markierten Körpers kann mit folgender Formel bestimmt werden:
$V = \frac{1}{2}a^2 \cdot h$.
Berechne die fehlenden Werte.

	a)	b)	c)	d)
V		9 cm³	72 cm³	540 cm³
a	3 cm	1,5 cm		
h	5 cm		4 cm	7,5 cm

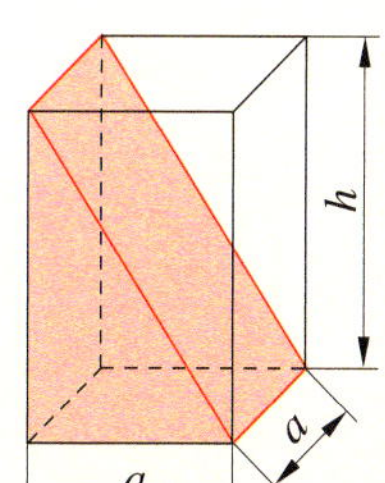

Lösungen

zu den *Teste-dich!*-Seiten und den *Trainings*-Seiten

Terme und Gleichungen

a

1

a) $19x + 2y$ a) $24a^2b$

2

a) $3x - y + 2$
b) $x - 8y - 5z + 3$
c) $ab - b$
d) $-28x - 35y + 7z$

3

a) $10(x - 3y)$
b) $z(a - b)$
c) $7(a + 2b + 5c)$

4

a) $22x + 2$
b) $-2a + 12b + 130$
c) $6x - xy - 24y$

5

a) $A = (a + b) \cdot 2a;$
$A = 2a^2 + 2ab$
b) $u = 2(a + b) + 4a;$
$u = 6a + 2b$

6

a) $x = 2$ b) $x = 2$ c) $x = 3$
d) $x = 4$ e) $x = 2$ f) $x = 4$

7

Es gilt: $s = v \cdot t$ und $t = \frac{s}{v}$
a) 5250 m b) 2,5 s c) 3600 m
d) 5 s

b

c) $12a^2 - 3a^2$ d) $-8{,}4a + 16{,}2x$

2

a) $26{,}2x + 0{,}9y$
b) $8x + 2$
c) $10x + 12y$
d) $-7{,}5ab - 10ac + 12{,}5ad$

3

a) $4x(3y - 7)$
b) $b(2a - 7x)$
c) $3b(7ax - 2y + 5z)$

4

a) $7a + 5ab - 24b$
b) $-59cd - 88ce$
c) $-xy$

5

Anzahl der Personen im Personenwagen:
$x + 3x + 3x + 70 = 280;\quad x = 30$
Im Speisewagen befinden sich 30 Personen, in der 1. Klasse 90 und in der 2. Klasse 160 Personen.

6

a) $x = -4$ b) $a = 1{,}8$ c) $z = 6$
d) $x = 0$ e) $x = 3$ f) $a = 4$

7

a) $A_G = 12{,}6\,\text{cm}^2$
b) $A_G = 42\,\text{dm}^2$
c) $h = 4{,}8\,\text{m}$

Ähnlichkeit

a | b

1

a) Zwei Figuren heißen zueinander ähnlich, wenn sie durch maßstäbliches Vergrößern oder Verkleinern auseinander hervorgehen.

b) Zwei Dreiecke sind zueinander ähnlich, wenn sie in der Größe von zwei Winkeln übereinstimmen.

2 (a)

a) Die neuen Maße sind: $a = 4\,\text{cm}$, $b = 6\,\text{cm}$
Der Maßstab ist 2 : 1.

b) Die neuen Maße sind: $a = 1{,}4\,\text{cm}$, $b = 1\,\text{cm}$
Der Maßstab ist 1 : 3.

2 (b)

a) Die neuen Maße sind: $a = 6\,\text{cm}$, $b = 4{,}5\,\text{cm}$
Der Maßstab ist 3 : 2.

b) Die neuen Maße sind: $a = 2{,}4\,\text{cm}$, $b = 1{,}6\,\text{cm}$
Der Maßstab ist 1 : 4.

3 (a)

$\frac{x}{3{,}8} = \frac{5{,}4}{8{,}1}$

$x = 2{,}533\,\text{cm}$

3 (b)

$\frac{4{,}3}{2{,}5} = \frac{(4{,}3 + x)}{7{,}6}$

$x = 8{,}772\,\text{cm}$

4

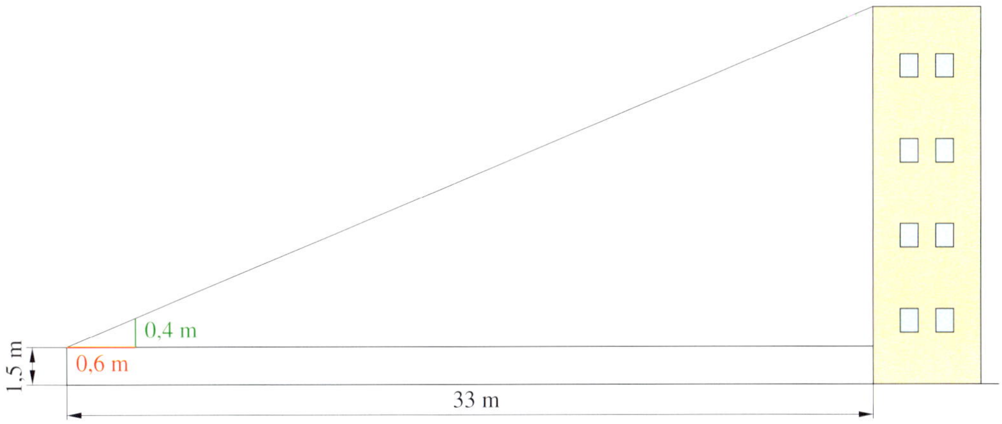

$\frac{0{,}4}{0{,}6} = \frac{(x - 1{,}5)}{33}$

$x = 23{,}5\,\text{m}$

5 (a)

a) $b = 1{,}42\,\text{m}$, $c = 0{,}71\,\text{m}$

b) b ist 41,8 % von h,
c ist 20,9 % von h.

c) Der Balken ist etwa 7,96 m lang.

5 (b)

a) $\frac{168}{161} = \frac{x}{96}$
$x = 100{,}17\,\text{m}$

b) $3 \cdot 100{,}17 = 300{,}52\,\text{m}$

Lineare Funktionen und Gleichungssysteme

a

1

	−3	**−2**	**−1**	**0**	**1**	**2**	**3**
a) $f(x) = 5x - 7$	−22	−17	−12	−7	−2	3	8
b) $f(x) = 3x + 2{,}2$	−6,8	−3,8	−0,8	2,2	5,2	8,2	11,2
c) $f(x) = -x - 1$	2	1	0	−1	−2	−3	−4
d) $f(x) = 1{,}5x + 1{,}5$	−3	−1,5	0	1,5	3	4,5	6
e) $f(x) = -2x + 4$	10	8	6	4	2	0	−2
f) $f(x) = -3 + 2x$	−9	−7	−5	−3	−1	1	3

Individuelle Zeichnungen.
Die Nullstellen sind: a) $x = 1{,}4$ b) $x = -0{,}73$ c) $x = -1$ d) $x = -1$ e) $x = 2$ f) $x = 1{,}5$

2

a) $f(x) = 0{,}11\,x + 9{,}99$
b) Björn bezahlt $f(60) = 0{,}11 \cdot 60 + 9{,}99 = 16{,}59$ Euro für diesen Monat.

3

Individuelle Zeichnung.
$f(x) = 3x - 1$

4

a) $x = -3$ b) $x = 5$ c) $x = \frac{3}{4}$ d) $x = -\frac{1}{2}$

5

a) $x = 4$ b) $x = \frac{2}{3}$
c) $x = 1\frac{1}{4}$ d) $x = -2\frac{2}{3}$

6

a) $m = 0{,}5$; $n = 1$
b) $f(x) = 0{,}5x + 1$
c) Der Schnittpunkt liegt bei $(-2\,|\,0)$, da $f(-2) = 0{,}5 \cdot (-2) + 1 = 0$ ist.
d) Der Punkt $A\ (7\,|\,4)$ liegt nicht auf dem Graphen.

7

x ist der Eintrittspreis für einen Lehrer, y der für einen Schüler.
I $x + 26y = 128$; II $2x + 25y = 134{,}5$
$y = 4{,}5$; $x = 11$
Der Eintrittspreis für einen Schüler beträgt 4,50 €, der für einen Lehrer 11 €.

b

3

Individuelle Zeichnung.
$f(x) = \frac{1}{2}\,x - 2$

4

a) $x = 17{,}5$ b) $x = 2$ c) $x = -6\frac{2}{5}$ d) $x = \frac{5}{2}$

5

a) $x = \frac{2}{5}$ b) $x = -1\frac{1}{6}$
c) $x = \frac{3}{8}$ d) $x = -1\frac{2}{5}$

7

I $f(x) = 0{,}5x$; II $f(x) = 0{,}15x + 3{,}5$
Schnittpunkt bei $(10\,|\,5)$; bei der zehnten Buchung sind die Kosten gleich. Ab der elften Buchung lohnt sich also das Konto mit Grundpreis.

Rechnen mit Potenzen

a

1
a) 243
b) x^7
c) -64
d) a^4

2
a) 8
b) 1 024
c) 25
d) 1
e) 0,0001
f) 0,5

3
a) 20 000
b) 35 000 000
c) 0,000 005
d) 0,000 012

4
a) $5 \cdot 10^6$
b) $8 \cdot 10^3$
c) $2{,}8 \cdot 10^{-3}$

5
a) $9{,}46 \cdot 10^{12}$ km
b) $4{,}73 \cdot 10^{13}$ km entsprechen 5 Lichtjahren.

b

1
a) $\frac{1}{128}$
b) $243x^5$
c) $-\frac{32}{3\,125}$
d) $0{,}001\,a^4$

2
a) 0,000 000 000 001
b) −279 936
c) 0,015 625
d) $\frac{27}{64}$
e) 6 561
f) 32

3
a) −1 350 000 000
b) 87 010 000 000
c) 0,000 000 015 802
d) −0,000 000 027 9

4
a) $7 \cdot 10^{11}$
b) $4{,}000\,000\,000\,5 \cdot 10^{14}$
c) $1{,}025 \cdot 10^{-5}$

5
Es dauert ca. 7 142 857 Stunden, bis der Tropfstein 1 m lang ist.

6
a)

Zahl	4	**64**	81	144	**1,44**	400	**0,25**	441	7,84	**20,25**
Quadratwurzel	**2**	8	**9**	**12**	1,2	**20**	0,5	**21**	**2,8**	4,5

b)

Zahl	1	**64**	27	8	**216**	1 000	**512**	1,331	1 728	**13,824**
Kubikwurzel	**1**	4	**3**	**2**	6	**10**	8	**1,1**	**12**	2,4

a

7
a) Es werden 1 020 Steine benötigt.

b

7
a) Es werden 25 500 Steine benötigt

Satz des Pythagoras

a

1

a) $c \approx 18{,}36\,\text{cm}$, $u \approx 43{,}36\,\text{cm}$, $A \approx 71{,}97\,\text{cm}^2$
b) $a \approx 10{,}78\,\text{cm}$, $u \approx 25{,}08\,\text{cm}$, $A \approx 22{,}05\,\text{cm}^2$
c) $b \approx 7{,}38\,\text{cm}$, $u \approx 17{,}18\,\text{cm}$, $A \approx 10{,}37\,\text{cm}^2$
d) $c \approx 3\,\text{m}$, $u \approx 12\,\text{m}$, $A \approx 6\,\text{m}^2$

2

a) rechtwinklig, da $2{,}4^2 + 3{,}2^2 = 4^2$
c) rechtwinklig, da $2{,}5^2 + 6^2 = 6{,}5^2$

3

Die Diagonale e hat die Länge $\sqrt{65} \approx 8{,}06$.

4

Die Seile wurden in $\sqrt{75^2 - 15^2}\ m \approx 73{,}48\,\text{m}$ Höhe befestigt.

5

Das Seil ist $\sqrt{80^2 + 18^2}\ m = 82\,\text{m}$ lang.

6

Der Graben ist $\sqrt{4{,}85^2 - 2{,}575^2}\ m \approx 4{,}11\,\text{m}$ tief.

7

a) Die Flächendiagonale e ist $\sqrt{2a^2} \approx 12{,}73\,\text{cm}$ lang.
b) Die Raumdiagonale d ist $\sqrt{e^2 + a^2} \approx 15{,}59\,\text{cm}$ lang.

b

2

b) rechtwinklig, da $2^2 + 4{,}8^2 = 5{,}2^2$
c) rechtwinklig, da $7{,}5^2 + 4^2 = 8{,}5^2$

3

Die Seitenlänge beträgt $a = \sqrt{\frac{450}{2}} = 15$.
Der Flächeninhalt ist $a^2 = 225$.

4

Miriam kann $\sqrt{(r + 0{,}0127)^2 - r^2} \approx 12{,}72\,\text{km}$ weit sehen.

5

Das Seil ist $104{,}9\,\text{m}$ lang.

6

Das Bruchstück ist etwa $2{,}79\,\text{m}$ lang, also ist die Bruchstelle in Höhe von etwa $1{,}71\,\text{m}$.

7

a) Die Kante a ist etwa $12{,}99\,\text{cm}$ lang.
b) Da $e = \sqrt{2a^2}$ und $d^2 = e^2 + a^2$, gilt auch $d^2 = 3a^2$ und somit $d = a\sqrt{3}$.

Daten

a | b

1

	Mittelwert	Zentralwert	Modalwert	Maximum	Minimum	Spannweite
a)	53,9	54	–	96	12	84
b)	13 700,8333	5 993,5	–	59 872	86	59 788
c)	544,875	560	283, 824	824	283	541
d)	30,7625	32,8	27,2	44	14,8	29,2

a

2

a) FC Schalke 04: 0,53;
Bayer Leverkusen: 0,44;
MSV Duisburg: 0,24

b) FC Schalke 04: 0,29;
Bayer Leverkusen: 0,18;
MSV Duisburg: 0,15

b) FC Schalke 04: 0,18;
Bayer Leverkusen: 0,38;
MSV Duisburg: 0,62

3

a)

Verein	Häufigkeit	
	absolute	relative
FC Bayern München	3	0,25
FC Energie Cottbus	5	0,42
Hertha BSC Berlin	4	$0,\overline{3}$

4

Individuell verschieden

Beispiele:
- Hilfst du zu Hause bei der Hausarbeit?
- Treibst du Sport?

b

2

a) VfL Wolfsburg 0,44;
VfB Stuttgart: 0,47;
Energie Cottbus: 0,26

b) VfL Wolfsburg 0,26;
VfB Stuttgart: 0,12;
Energie Cottbus: 0,26

c) VfL Wolfsburg 0,71;
VfB Stuttgart: 0,59;
Energie Cottbus: 0,53

3

a) Griechenland: ca. 27 % = $\frac{27}{100}$;
Spanien: 40 % = $\frac{2}{5}$;
Italien: ca. 13 % = $\frac{13}{100}$; Türkei: 20 % = $\frac{1}{5}$

b) Griechenland: 4; Spanien: 6;
Italien: 2; Türkei: 3

c) Griechenland: ca. 26 % = $\frac{27}{100}$;
Spanien: ca. 33 % = $\frac{2}{5}$;
Italien: ca. 19 % = $\frac{13}{100}$;
Türkei: ca. 22 % = $\frac{1}{5}$

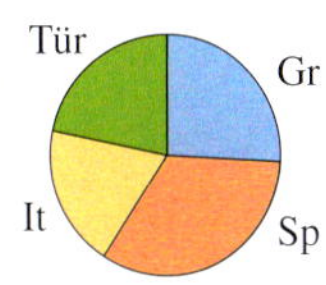

4

Der kleinere Schein ist nicht halb so groß wie der größere, sondern entspricht nur einem Viertel desselben.

Angewandte Zinsrechnung

a | b

1

	a)	b)	c)	d)	e)	f)	g)
Kapital K	12 500 €	7 500 €	**10 000 €**	15 000 €	**10 000 €**	280 €	18 500 €
Zinsen Z	**750 €**	**270 €**	800 €	150 €	120 €	28,28 €	**693,75 €**
Prozentsatz p	6 %	3,6 %	8 %	**1 %**	1,2 %	**10,1 %**	3,75 %

a

2

	Kapital	Zinssatz	Zinsen	Anlage-dauer
a)	325 €	3,5 %	**11,38 €**	1 Jahr
b)	728 €	7,9 %	**28,76 €**	6 Monate
c)	1 080 €	2,3 %	**1,24 €**	18 Tage
d)	2 400 €	10 %	**504 €**	2 Jahre
e)	28 590 €	**23,6 %**	3 373,62 €	6 Monate
f)	13 040 €	**2,4 %**	156,48 €	6 Monate
g)	14 560 €	7,2 %	**262,08 €**	3 Monate
h)	**10 000 €**	2,75 %	68,75 €	3 Monate

3
Er hat am Ende des Jahres 2 060 €.

4
$Z = 2{,}72$ €

5
$Z = 101{,}25$ €, also hat er 2 101,25 €.

6
a) Nach 8 Jahren bleibt eine Restschuld von 660 €, der Kredit ist nach 9 Jahren abbezahlt.

b) Nach 11 Jahren.

b

2

	Kapital	Zinssatz	Zinsen	Anlage-dauer
a)	482 €	8,9 %	**42,90 €**	1 Jahr
b)	4 940 €	**5,5 %**	271,70 €	1 Jahr
c)	**840 €**	3,5 %	29,40 €	1 Jahr
d)	3 420 €	3 %	**208,28 €**	2 Jahre
e)	**2 510 €**	9,8 %	122,99 €	6 Monate
f)	49 445 €	4,9 %	**605,70 €**	3 Monate
g)	3 840 €	3 %	**32 €**	100 Tage
h)	**2 400 €**	5 %	45 €	135 Tage

3
Sie hatte 3 150 € angelegt.

4
$Z = 13{,}23$ €, also bezahlt sie 433,23 €.

5
$Z = 260{,}92$ €, also hat er 2 660,92 €.

c)

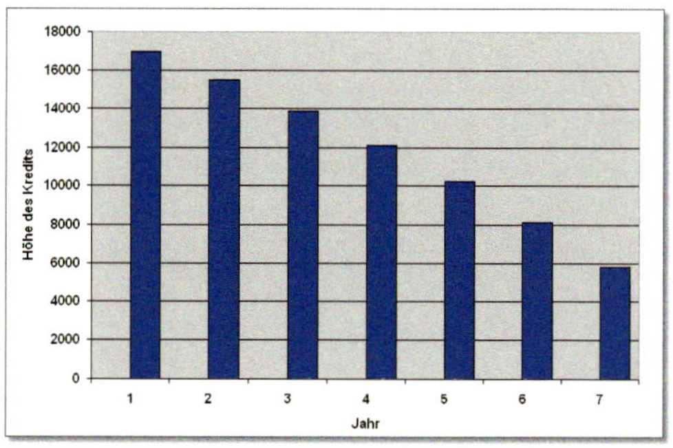

7
(1) Mathematisieren: $p = 9$ %, $K + Z = 21\,800$ €, gesucht: K.

(2) Lösen: $K = 20\,000$

(3) Interpretieren: Frau Heinzel darf höchstens einen Kredit über 20 000 € aufnehmen.

(4) Überprüfen und bewerten: 20 000 € reichen für eine Dachdeckung aus.

Pyramiden

a

1

a) $h = 4{,}9\,\text{cm}$, $s = 5{,}1\,\text{cm}$, $V = 6{,}8\,\text{cm}^3$
b) $a = 30\,\text{dm}$, $s = 29{,}2\,\text{dm}$, $V = 6\,000\,\text{dm}^3$
c) $h = 8{,}6\,\text{cm}$, $h_a = 8{,}8\,\text{cm}$, $V = 45{,}9\,\text{cm}^3$
d) $a = 24{,}9\,\text{cm}$, $s = 19{,}4\,\text{cm}$, $V = 1\,694{,}7\,\text{cm}^3$
e) $a = 17{,}3\,\text{dm}$, $h = 6{,}8\,\text{dm}$, $V = 678{,}4\,\text{dm}^3$
f) $h = 6{,}8\,\text{m}$, $h_a = 7\,\text{m}$, $V = 27{,}8\,\text{m}^3$

2

Die Höhe ist etwa 3,1 cm lang und das Volumen beträgt etwa $26\,\text{cm}^3$.

3

Individuelle Zeichnung.

4

Das Volumen beträgt etwa $276\,\text{cm}^3$.

b

1

a) $h_a = 7{,}2\,\text{cm}$, $h_b = 6{,}5\,\text{cm}$, $A_M = 55{,}5\,\text{cm}^2$, $A_O = 70{,}5\,\text{cm}^2$, $V = 35\,\text{cm}^3$
b) $a = 9{,}2\,\text{cm}$, $b = 16{,}6\,\text{cm}$, $A_M = 302{,}2\,\text{cm}^2$, $A_O = 454{,}9\,\text{cm}^2$, $V = 509{,}1\,\text{cm}^3$
c) $h = 9\,\text{m}$, $h_a = 9{,}2\,\text{m}$, $h_b = 9{,}1\,\text{m}$, $A_M = 59{,}4\,\text{m}^2$, $A_O = 69{,}4\,\text{m}^2$
d) $a = 5\,\text{dm}$, $h_a = 3{,}4\,\text{dm}$, $h_b = 3{,}9\,\text{dm}$, $A_M = 28{,}7\,\text{dm}^2$, $A_O = 43{,}7\,\text{dm}^2$
e) $h = 33{,}8\,\text{cm}$, $b = 8\,\text{cm}$, $h_a = 34\,\text{cm}$, $A_M = 1\,316\,\text{cm}^2$, $A_O = 1\,556\,\text{cm}^2$
f) $h_a = 7{,}5\,\text{m}$, $h_b = 6{,}25\,\text{m}$, $A_M = 126{,}9\,\text{cm}^2$, $A_O = 211{,}7\,\text{m}^2$

2

Der Oberflächeninhalt beträgt etwa $52{,}7\,\text{cm}^2$, h_a ist etwa 4,6 cm lang, h ist etwa 4,1 cm lang und das Volumen beträgt etwa $21{,}9\,\text{cm}^3$.

3

Individuelle Zeichnung.

4

a) Das Volumen beträgt etwa $108\,\text{cm}^3$.
b) Die Seitenhöhe h_a ist etwa 3,6 cm lang, die Seitenhöhe h_b etwa 4,26 cm und der Mantelfächeninhalt beträgt $38{,}4\,\text{cm}^2$.

Lösungen zum Training

Seite 18 Terme und Gleichungen

1 a) $6x$ b) $10a$
c) $35z$ d) $22a - 35b$
e) $1{,}2x - 4{,}2y$

2 a) $65a$ b) $-10x^2$
c) $60abc$ d) $2xy^2$
e) $24a^2b^3$ f) $\frac{1}{3}x^4y^2$

3 a) a b) $8 - 5x$
c) $4{,}4r + 0{,}3s$ d) $3{,}2b - 5{,}8c$
e) $3a - 10b$ f) $3p - 22$

4 a) $5a + 5b$ b) $8ab - 4a$
c) $3b - bc$ d) $-30m + 10mn$
e) $-4x - 4y$ f) $-3x^2 + 6xy$
g) $4a - 4b + 4c$ h) $2x - 2y - 2z$

5 $A = (3a + 2c) \cdot b - 2ac$
$= 3ab + 2(b - a) \cdot c$
$= 3ab + 2bc - 2ac$
$u = b + a + a + c + a + a + a + c + a + a + b + 3a + 2c$
$= 2b + 10a + 4c$

6 a) $4(a + b)$ b) $5(x - y)$
c) $6(x - 2y)$ d) $4(a + 2b)$
e) $6a(x + 2y)$ f) $5b(3c - 5d)$
g) $6x(5x - 4)$ h) $8a(7a + 4)$

7 a) $x = -3$ b) $x = 4$
c) $z = 2{,}5$ d) $a = 3{,}5$
e) $y = 20$ f) $x = 6$

8 a) $2(2a + 4b + 3c)$ b) $3(4a - 6b - 9c)$
c) $3(5xy + 3xz - 1)$ d) $4abc(3a - 5b + 1)$

9 a) $x = 7$ b) $x = 3$
c) $x = 7$ d) $x = 4$
e) $x = 10$

10 Die beiden Schenkel sind jeweils 50 cm lang, die Basis ist 25 cm lang.

11 a) $x = 21$ b) $x = 3{,}6$
c) $x = 2$ d) $x = 1$
e) $x = 20$ f) $x = 10$

12 Das Gebäude ist 66 m lang und 22 m breit.

13 a) $\alpha = 23°$ b) $\beta = 65°$, $\gamma = 92°$

14 a) $y^2 + 7y + 12$ b) $12x^2 - 10x + 2$
c) $-a^2 + 2a + 8$ d) $6a^2 - 5a - 6$
e) $m^2 + 2m - 15$ f) $-5s^2 + 21st - 4t^2$

Seite 19 Ähnlichkeit

1 a) Maßstab 1 : 2

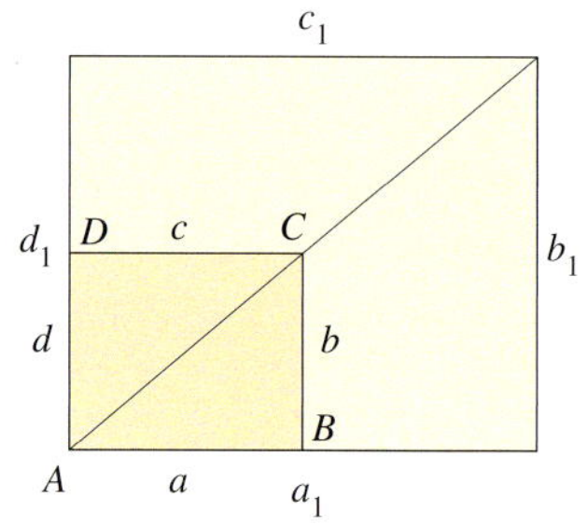

b) Maßstab 1 : 2

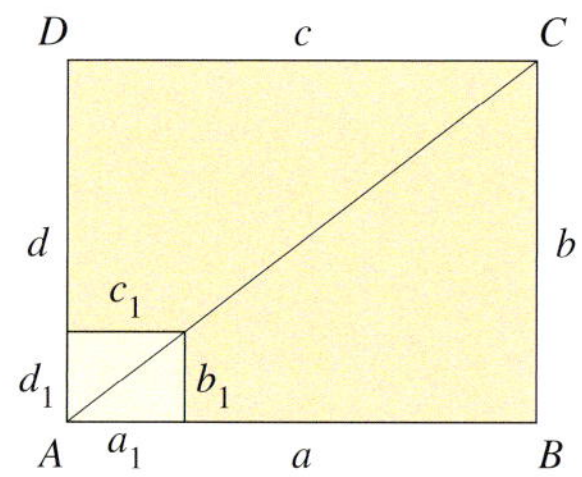

c) Maßstab 1 : 2

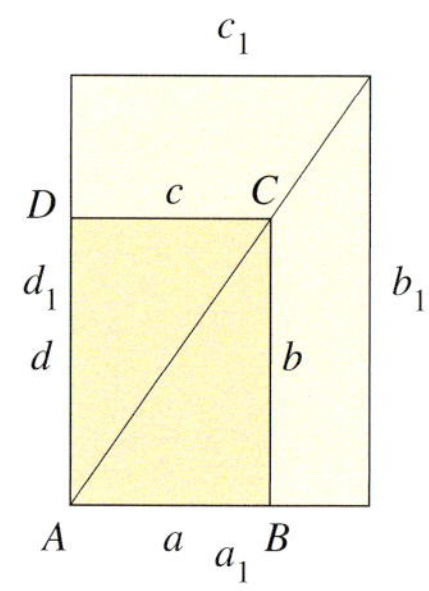

2 $\frac{x}{3} = \frac{9}{6}$, also $x = 4{,}5$

3 7 353 m : 87 ≈ 84,52 m
Der Zug wäre als HO-Modell 84,52 m lang.

4 Es gibt verschiedenen Streckzentren.

a)

Streckzentrum	Punkt → Bildpunkt
A	$N \rightarrow S_1$, $C, F \rightarrow L$, $M_2 \rightarrow M_1$, $T \rightarrow M$, $M \rightarrow B$
B	$O \rightarrow S_2$, $C, G \rightarrow K$, $M_2 \rightarrow M_1$, $N \rightarrow M$, $M \rightarrow A$
M	$T \rightarrow A$, $P \rightarrow S_1$, $N \rightarrow B$, $Q \rightarrow S_2$

b) individuell verschieden
c) individuell verschieden

5 x ist die Seitenlänge des großen Quadrates, dann gilt nach dem Strahlensatz: $\frac{x}{8{,}5} = \frac{2}{4}$, also $x = 4{,}25$.
Das Quadrat hat einen Flächeninhalt von $4{,}25^2\,\text{cm}^2 \approx 18{,}06\,\text{cm}^2$.

6 Es gilt: $\frac{x}{37} = \frac{0{,}4}{0{,}8}$, also $x = 18{,}5$; $18{,}5 + 1{,}5 = 20$
Das Gebäude hat eine Höhe von 20 m.

7 a) Es gilt: $\frac{x}{368{,}03 - 1{,}50} = \frac{0{,}8}{0{,}4}$, also $x = 733{,}06$
Die Entfernung müsste 733,06 m betragen.
b) Es gilt: $\frac{x}{207{,}53 - 1{,}50} = \frac{0{,}8}{0{,}4}$, also $x = 733{,}06$
Die Entfernung müsste 412,06 m betragen.
c) Man müsste näher herantreten. Da der Arm kürzer und der Stock länger ist, wird der Winkel zwischen Arm und Blickrichtung größer. Um die Turmspitze zu sehen, muss man dann näher herantreten.

Seite 20 Lineare Funktionen und Gleichungssysteme

1 a) $y = f(x) = 60 - 0{,}07 \cdot x$
b) $y = f(325) = 37{,}25$
Es sind noch 37,25 ℓ im Tank.
c) $y = f(820) = 2{,}6$
Man sollte das lieber nicht riskieren bei rechnerisch verbleibenden 2,6 ℓ Benzin.

2 a) P und R sind Lösungen der linearen Gleichung.
b) $A(-2\,|\,22)$, $B(7\,|\,4)$, $C(3\,|\,12)$, $D(3{,}5\,|\,11)$
c)

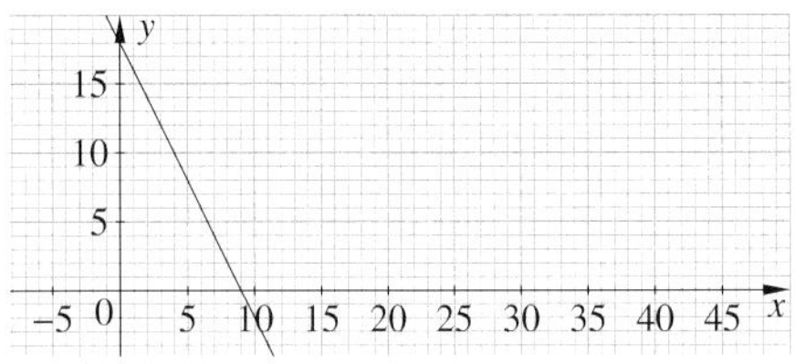

d) individuell verschieden; z. B. Auf einem Bauernhof leben Kühe und Hühner. Insgesamt sind es 36 Tiere.

3 a) $f(x) = -0{,}25x + 3$ b) $g(x) = -0{,}5x - 0{,}5$
c) $h(x) = -2x + 5$ d) $i(x) = -2x + 3$
e) $N_f(12\,|\,0)$ $N_g(-1\,|\,0)$ $N_h(2{,}5\,|\,0)$ $N_i(1{,}5\,|\,0)$

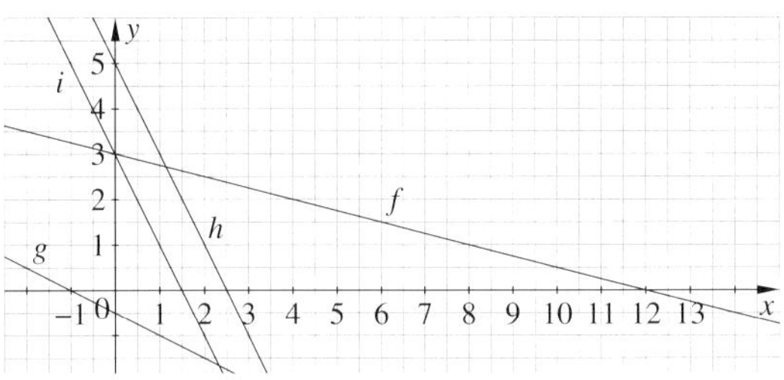

4 a) Er hat 37-mal Toramolo und 28-mal Konia verkauft.

5 a) $S(1\,|\,0{,}5)$ b) $S(4\,|\,0)$
c) $S(3\,|\,-2)$ d) $S(0{,}8\,|\,-0{,}8)$

6 a) $x = 5$ und $y = 4$ b) $x = 6$ und $y = 9$
c) $x = 7$ und $y = 3$ d) $x = 10$ und $y = 0$
e) keine Lösungen f) unendlich viele Lösungen

7 a) I $x + y = 20$, II $0{,}8x + 1{,}2y = 19{,}2$,
also $x = 12$ und $y = 8$
Er kauft 12 Marken zu 0,80 € und 8 zu 1,20 €.
b) I $10x + 15y = 32{,}5$, II $y = x + 0{,}5$
also $x = 1$ und $y = 1{,}5$
Eine rote Marke kostet 1,50 €.

8 a) I $x + 24y = 929$, II $x + 30y = 1\,115$
also $x = 185$ und $y = 31$
Die Anmeldegebühr betrug 185 €, eine Fahrstunde kostete 31 €.
b) $185 + 31x = 250 + 29x$, also $x = 32{,}5$
Ab 33 Fahrstunden ist diese Fahrschule günstiger.

9 I $x + y + z = 71$
II $5x = 6y$
III $z = y - 9$ Die Zahlen heißen 30, 25 und 16.

Seite 21 Rechnen mit Potenzen

1 a) $3 \cdot 3 \cdot 3 = 27$
b) $10 \cdot 10 \cdot 10 \cdot 10 \cdot 10 \cdot 10 = 1\,000\,000$
c) $0{,}1 \cdot 0{,}1 \cdot 0{,}1 \cdot 0{,}1 = 0{,}0001$
d) $1{,}2 \cdot 1{,}2 \cdot 1{,}2 = 1{,}728$
e) $\frac{1}{2} \cdot \frac{1}{2} \cdot \frac{1}{2} \cdot \frac{1}{2} \cdot \frac{1}{2} = \frac{1}{32}$
f) $\frac{2}{3} \cdot \frac{2}{3} \cdot \frac{2}{3} \cdot \frac{2}{3} = \frac{16}{81}$
g) $5 \cdot \frac{1}{2} \cdot \frac{1}{2} = \frac{5}{4}$
h) $4{,}5 \cdot 4{,}5 \cdot 4{,}5 = 91{,}125$
i) $0{,}16 \cdot 0{,}16 = 0{,}0256$
j) $0{,}02 \cdot 0{,}02 \cdot 0{,}02 \cdot 0{,}02 = 0{,}000\,000\,16$
k) $0{,}001 \cdot 0{,}001 \cdot 0{,}001 = 0{,}000\,000\,001$
l) $\frac{1}{2} \cdot \frac{2}{5} \cdot \frac{2}{5} \cdot \frac{2}{5} = \frac{4}{125}$

2 a) $(-\frac{1}{3}) \cdot (-\frac{1}{3}) \cdot (-\frac{1}{3}) \cdot (-\frac{1}{3}) = \frac{1}{81}$
b) $(-2) \cdot (-2) \cdot (-2) \cdot (-2) \cdot (-2) \cdot (-2) = 64$
c) $-0{,}5 \cdot 0{,}5 \cdot 0{,}5 = -0{,}125$
d) $(-\frac{1}{4}) \cdot (-\frac{1}{4}) \cdot (-\frac{1}{4}) \cdot (-\frac{1}{4}) \cdot (-\frac{1}{4}) = -\frac{1}{1024}$
e) $(-3) \cdot (-3) \cdot (-3) = -27$
f) $-0{,}2 \cdot 0{,}2 \cdot 0{,}2 \cdot 0{,}2 = -0{,}0016$

3 a) $\frac{1}{81} = \frac{1}{9^2} = 9^{-2}$ b) $\frac{1}{16} = \frac{1}{4^2} = 4^{-2}$ c) $\frac{1}{49} = \frac{1}{7^2} = 7^{-2}$
d) $\frac{1}{64} = \frac{1}{8^2} = 8^{-2}$ e) $\frac{1}{121} = \frac{1}{11^2} = 11^{-2}$ f) $\frac{1}{169} = \frac{1}{13^2} = 13^{-2}$

4 a) $5 \cdot 10^{-3}$ b) $5{,}7 \cdot 10^{-3}$ c) $9 \cdot 10^{-4}$
d) $6{,}2 \cdot 10^{-5}$ e) $2{,}09 \cdot 10^{-7}$ d) $8{,}5 \cdot 10^{-9}$

5 a) 0,01 b) 0,0001 c) 5000
d) 240 000 e) 0,0061 f) 0,000 94
g) 16 000 h) 25 104 000 i) 15 500
j) 0,0402 k) 0,002 87 l) 341 000 000
m) 0,000 006 2 n) 50 750 000 o) 9 000 400 000
p) 0,000 000 000 002 340 15

6 a) $6{,}308 \cdot 10^{6}$ b) $9{,}52 \cdot 10^{7}$ c) $5{,}047 \cdot 10^{9}$
d) $2{,}863 \cdot 10^{10}$ e) $3{,}51 \cdot 10^{11}$ d) $7{,}033 \cdot 10^{12}$

7 a) 360 000 km² b) 510 000 000 km²
c) 1 100 000 000 000 km³ d) 70 000 000 000 000
e) 100 000 000 000

8 $350\,000\,000 = 3{,}5 \cdot 10^{8}$

9 4; 36; 121; 49; 9; 900; 1; 81; 400; 2 500; 169; 289

10 a)

x^2	64	**121**	81	**225**	400
x	**8**	11	**9**	15	**20**

b)

x^3	125	**512**	729	64	**2 197**
x	**5**	8	**9**	**4**	13

c)

x^3	8	**216**	512	**1 728**	343
x^2	**4**	36	**64**	144	**49**
x	**2**	**6**	**8**	**12**	**7**

11 a) $15 < \sqrt{250} < 16$ b) $31 < \sqrt{1\,000} < 32$
c) $17 < \sqrt{305} < 18$

12 a) 12 m b) ≈ 9,49 m c) 14 m d) 90 cm e) ≈ 6,8 cm

13 a) 216 b) 64 c) 1 000 d) 512 e) 1 728 e) 4 096

14 a) Es sind 294 (423) Fliesen notwendig.
b) Wegen des möglichen Verschnitts.

Seite 22 Satz des Pythagoras

1 a) 1. $\overline{KL}$
2. $\overline{ST}$
3. $\overline{XZ}$

b) 1. $\overline{KL}^2 = \overline{KM}^2 + \overline{LM}^2$
2. $\overline{ST}^2 = \overline{RS}^2 + \overline{RT}^2$
3. $\overline{XZ}^2 = \overline{XY}^2 + \overline{YZ}^2$

2 a) $c = 10\,\text{cm}$ b) $b = 8\,\text{cm}$ c) $a \approx 8{,}9\,\text{cm}$
d) $c = 25\,\text{mm}$ e) $b \approx 8{,}5\,\text{m}$ f) $a \approx 35{,}9\,\text{cm}$
g) $a = 9{,}6\,\text{cm}$ h) $b = 288\,\text{mm}$

3 a) $d = \sqrt{a^2 + b^2} = \sqrt{185}\ \text{cm} \approx 13{,}6\,\text{cm}$
b) $d = \sqrt{a^2 + b^2} = \sqrt{69{,}25}\ \text{cm} \approx 8{,}32\,\text{cm}$
c) $b = \sqrt{d^2 - a^2} = \sqrt{27{,}44}\ \text{cm} \approx 5{,}24\,\text{cm}$
d) $a = \sqrt{d^2 - b^2} = \sqrt{70{,}97}\ \text{cm} \approx 8{,}42\,\text{cm}$

4 a) ja b) ja c) nein d) nein

5 Nein, nur eine Strecke von 36,37 cm.

6 a) $c^2 = f^2 + e^2$ b) $f^2 + g^2 = b^2$
c) $b^2 = (e + g)^2 - c^2$ d) $a^2 = d^2 + (e + g)^2$
e) $e = \sqrt{c^2 - f^2}$ f) $d = \sqrt{a^2 - (e + g)^2}$

7 a) $\sqrt{1^2 + 1^2} = \sqrt{2}$; $a = \sqrt{2}\,\text{cm}$
$\sqrt{(\sqrt{2})^2 + 1^2} = \sqrt{3}$; $b = \sqrt{3}\,\text{cm}$
$\sqrt{(\sqrt{3})^2 + 1^2} = \sqrt{4}$; $c = \sqrt{4}\,\text{cm}$
$\sqrt{(\sqrt{4})^2 + 1^2} = \sqrt{5}$; $d = \sqrt{5}\,\text{cm}$

b) Sie erinnert an ein Schneckenhaus und die Längen der roten Strecken sind Quadratwurzeln natürlicher Zahlen, wobei sich ihr Radikand immer um 1 erhöht.

c) Zeichenübung; $\sqrt{17}\,\text{cm} \approx 4{,}1\,\text{cm}$

8 $(\frac{d}{2})^2 = (\frac{\sqrt{50^2 + 50^2}}{2})^2 = \frac{5000}{4} = 1\,250$
$\sqrt{h^2 + (\frac{d}{2})^2} = \sqrt{110^2 + 1\,250} = \sqrt{13\,350} \approx 115{,}5$
Die Schenkel sind 115, 5 cm lang.

9 $6\,371\,\text{km} + 25\,\text{m} = 6\,371{,}025\,\text{km}$
$\sqrt{6\,371{,}025^2 - 6\,371^2} \approx 17{,}848$
Der Kapitän kann 17,848 km weit schauen.

10

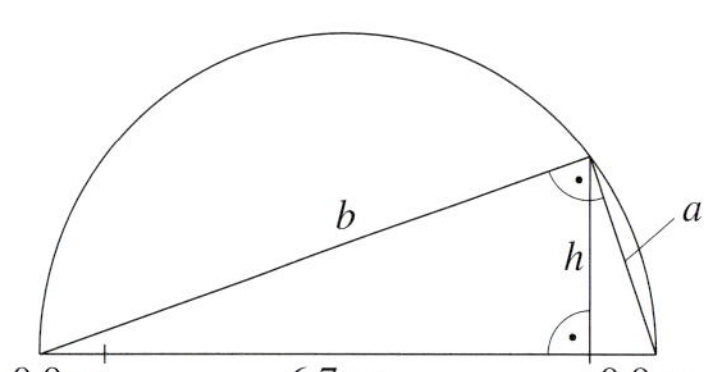

Es gelten folgende Gleichungen:
I $a^2 = h^2 + 0{,}9^2$
II $b^2 = h^2 + 7{,}6^2$
III $8{,}5^2 = a^2 + b^2$
I und II einsetzen in III ergibt:
$8{,}5^2 = h^2 + 0{,}9^2 + h^2 + 7{,}6^2$
$h^2 = \frac{8{,}5^2 - 0{,}9^2 - 7{,}6^2}{2} = \frac{13{,}68}{2} = 6{,}84$
$h \approx 2{,}62$
Auf das Höhenbegrenzungsschild muss eine Höhe von 2,60 m geschrieben werden.

Seite 23 Daten

1 a)

1	2	3	4	5	6
2	9	8	6	5	0

b)

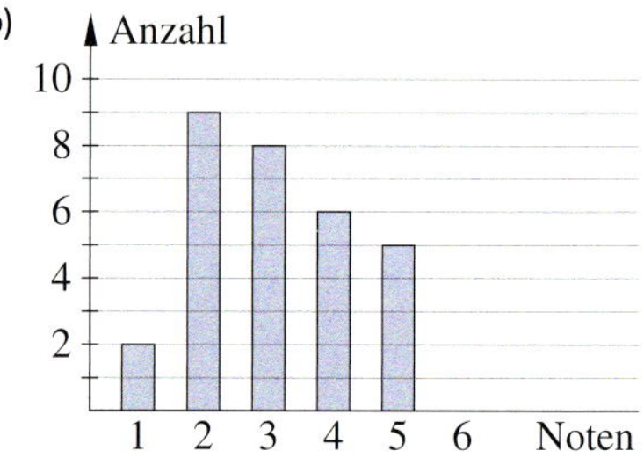

c) $2 \cdot 1 + 9 \cdot 2 + 8 \cdot 3 + 6 \cdot 4 + 5 \cdot 5 = 93$
$2 + 9 + 8 + 6 + 5 = 30$
$93 : 30 = 3{,}1$
Arithmetisches Mittel: 3,1
Modalwert: 2

d) Jette hat eine 3+ oder eine bessere Note bekommen.

2

1	2	3	4	5	6
5	8	**6**	**4**	2	0

3 a) Die Durchschnittstemperatur beträgt 8 °C.
b) Der Zentralwert beträgt 7,5 °C.

4 a) Trefferhäufigkeiten: 80 % < 90 %
b) Anteil der fehlerhaft gelösten Aufgaben: 6 % > 5 %
c) Anteil der Stimmen: 60 % > 54 %

5 1. Platz: Günther Jauch $\frac{9}{10} = 90\,\%$
2. Platz: Thomas Gottschalk $\frac{3}{4} = 75\,\%$
3. Platz: Oliver Geißen $\frac{3}{5} = 60\,\%$

6 Funghi $\frac{1}{5}$ 20 %; Tonno $\frac{3}{20}$ 15 %
Hawaii $\frac{3}{10}$ 30 %; Prosciutto $\frac{1}{10}$ 10 %
sonstige $\frac{1}{4}$ 25 %

7 a)

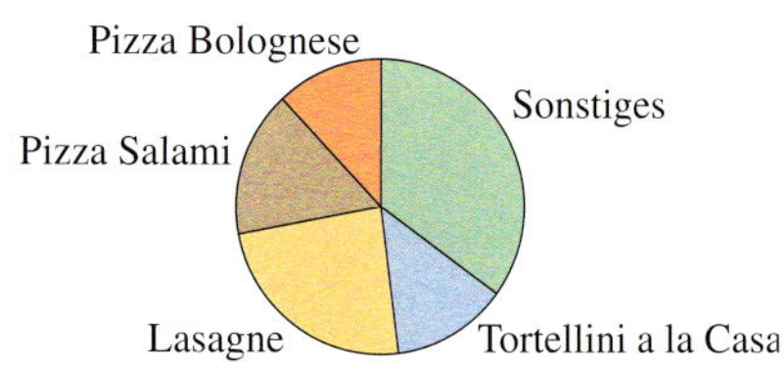

b) Pizza Bolognese: $\frac{3}{25} = 0{,}12 = 12\,\%$
Pizza Salami: $\frac{4}{25} = 0{,}16 = 16\,\%$
Lasagne: $\frac{6}{25} = 0{,}24 = 24\,\%$
Tortellini a la Casa: $\frac{9}{50} = 0{,}18 = 18\,\%$
sonstiges: $\frac{3}{10} = 0{,}3 = 30\,\%$

Seite 24 Angewandte Zinsrechnung

1 a) 30,40 € b) 152 €
c) 0,85 € d) 57,40 €
e) 50,33 € f) 96,45 €
g) 1 813 € h) 1 601,6 €

2 a) $Z = 8{,}1$ € b) $p\,\% = 2{,}3\,\%$
c) $Z = 10{,}25$ € d) $K = 2\,700$ €
e) $Z = 16$ € f) $K = 2\,780$ €
g) $K = 6\,000$ € h) $p\,\% = 3{,}1\,\%$

3 Nach einem Jahr erhält Anna 5 € Zinsen.

4 a) $Z = 15$ € b) $Z = 10{,}12$ €
c) $Z = 124{,}20$ € d) $Z = 7{,}35$ €
e) $Z = 30$ €

5 a) Nach 11 Jahren.
b) Nach 2 Jahren ist das Kapitel um 8,16 %, nach 5 Jahren um 21,67 % und nach 10 Jahren um 48,02 % angewachsen.
c) Es gibt mehr Zinsen, da die 12 € Zinsen nach dem ersten Jahr im zweiten Jahr mit verzinst werden.

6 Herr Fillinger muss nach einem Jahr 390 € Zinsen zahlen.

7 Es wird mit einem Steuersatz von 19 % gerechnet.

8 Das Depot hat jetzt einen Wert von 11 745,14 €.

9 Folgende Kosten entstehen nach einem Jahr:
① 510 € ② 475 € ③ 525 € ④ 475 €
Die Kosten für die Angebote 2 und 4 sind bei 5 000 € gleich und am günstigsten. Angebot 3 ist am teuersten.

10 Nach einem Jahr fallen 618,75 € Zinsen an, vierteljährlich müssen demnach 154,69 € Zinsen gezahlt werden.

11 Julia überzieht 36 Tage und muss dafür 8,93 € Zinsen zahlen.

Seite 25 Pyramiden

1

	a	s	h	h_a
a)	6 cm	12 cm	**11,2 cm**	**11,6 cm**
b)	**15,8 cm**	**15,1 cm**	10,2 cm	12,9 cm
c)	**11,3 cm**	11,4 cm	**8,1 cm**	9,9 cm
d)	15 cm	**29,0 cm**	**27,0 cm**	28 cm

2 a) $V = 15{,}4\,\text{m}^3$
b) $V = 2\,508\,\text{cm}^3 = 2{,}508\,\text{dm}^3$
c) $V = 160\,\text{cm}^3$

3 a) $A_M = 270{,}56\,\text{cm}^2$, $A_O = 349{,}77\,\text{cm}^2$
b) $h_a = 15{,}18\,\text{m}$, $A_M = 437{,}15\,\text{m}^2$, $A_O = 644{,}51\,\text{m}^2$
c) $a = 29{,}46\,\text{cm}$, $A_M = 1\,119{,}55\,\text{cm}^2$, $A_O = 1\,987{,}55\,\text{cm}^2$
d) $a = 20\,\text{cm}$, $A_M = 512{,}4\,\text{cm}^2$, $A_O = 912{,}4\,\text{cm}^2$

4

	a	b	h	V
a)	58 mm	93 mm	26 mm	**46 748 mm³**
b)	125 cm	244 cm	**13,8 cm**	140 000 cm³
c)	**12,5 m**	12 m	12 m	600 m³
d)	138 dm	**81,5 dm**	167 dm	625 824 dm³

5 a) $h \approx 8{,}2\,\text{m}$; $h_a \approx 9{,}2\,\text{cm}$; $A_M \approx 146{,}6\,\text{m}^2$; $A_O \approx 210{,}6\,\text{m}^2$; $V \approx 174{,}9\,\text{m}^3$
b) $a \approx 31{,}3\,\text{m}$; $s \approx 26{,}2\,\text{cm}$; $A_M \approx 1\,315\,\text{m}^2$; $A_O \approx 2\,295\,\text{m}^2$; $V \approx 4\,571{,}9\,\text{m}^3$
c) $a \approx 31{,}7\,\text{m}$; $h \approx 8{,}5\,\text{cm}$; $A_M \approx 1\,143\,\text{m}^2$; $A_O \approx 2\,151\,\text{m}^2$; $V \approx 2\,847{,}2\,\text{m}^3$
d) $h \approx 19{,}1\,\text{m}$; $s \approx 20{,}9\,\text{m}$; $A_M \approx 480\,\text{m}^2$; $A_O \approx 624\,\text{m}^2$ $V \approx 916{,}8\,\text{m}^3$

6 a) $h_a \approx 16{,}2\,\text{cm}$; $M \approx 387{,}8\,\text{cm}^2$
b) $h_a \approx 8{,}1\,\text{cm}$; $M \approx 96{,}9\,\text{cm}^2$

7 a) $M = 34{,}56\,\text{m}^2$
b) Es werden $36\,\text{m}^2$ Kupferblech benötigt.

8 a) $h_1 = 12\,\text{cm}$; $a_1 = 8\,\text{cm}$ (nach Strahlensatz); $V_1 = 256\,\text{m}^3$
b) Es ist anschaulich offensichtlich, dass die Teilkörper keine gleichen Volumina haben.
$h_2 = 15\,\text{cm}$; $a_2 = 10\,\text{cm}$ (nach Strahlensatz);
$V_2 = 500\,\text{cm}^3$;
$V = 4\,000\,\text{cm}^3$; $V_{\text{Rest}} = 3\,500\,\text{cm}^3$
Der Restkörper hat sogar das 7fache Volumen der abgeschnittenen Spitze.

Stichwortverzeichnis

Erarbeitet unter Verwendung von Materialien von Ilona Gabriel
Ines Knospe
Martina Verhoeven
Udo Wennekers

Redaktion: Grit Weber, Gabriele Schubert
Herstellung: Regine Schmidt
Satz: Druckhaus Thomas Müntzer, Bad Langensalza

www.cornelsen.de
www.vwv.de

Unter der folgenden Adresse befinden sich multimediale
Zusatzangebote für die Arbeit mit dem Schülerbuch:
www.cornelsen.de/zahlen-und-groessen
Die Buchkennung ist: **MZG001148**

1. Auflage, 1. Druck 2009

Alle Drucke dieser Auflage sind inhaltlich unverändert und
können im Unterricht nebeneinander verwendet werden.

Druck: CS-Druck CornelsenStürtz, Berlin

ISBN 978-3-06-001161-2

Inhalt gedruckt auf säurefreiem Papier aus nachhaltiger Forstwirtschaft.